健康·智慧·生活丛书

清淡饮食

您吃对了吗

陈勇 主编

编委会：

张海媛　李玉兰　遆　莹　张　伟　张志军

姜　朋　黄　辉　黄建朝　黄艳素　范永坤

赵红瑾　常丽娟　陈　涤　贾守琳　李红梅

祝　辉　杨丽娜　王雪玲　张　羿　曾剑如

中国纺织出版社

图书在版编目（CIP）数据

清淡饮食　您吃对了吗 / 陈勇主编. — 北京：中国
纺织出版社，2016.10　（2024.1重印）

（健康·智慧·生活丛书）

ISBN 978-7-5180-2954-9

Ⅰ.①清…　Ⅱ.①陈…　Ⅲ.①保健—菜谱　Ⅳ.
① TS972.161

中国版本图书馆 CIP 数据核字（2016）第 221913 号

责任编辑：张天佐　　　　责任印制：王艳丽

中国纺织出版社出版发行

地址：北京市朝阳区百子湾东里A407号楼　邮政编码：100124

邮购电话：010—67004422　传真：010—87155801

http://www.c-textilep.com

E-mail: faxing@c-textilep.com

中国纺织出版社天猫旗舰店

官方微博http://weibo.com/2119887771

北京兰星球彩色印刷有限公司　　各地新华书店经销

2016年10月第1版　　2024年1月第3次印刷

开本：710×1000　1/16　印张：13

字数：223千字　定价：39.80元

前　言

我们去医院看病，听医生说得最多的一句话就是"多喝水，饮食要清淡"。饮食怎么才算清淡？十个人中八九个回答："不吃肉，炒菜少放油。"想当然地认为饮食清淡就是吃素、寡油。实则不然，或者只对了一部分。医生讲的清淡饮食，严格意义上是指低盐、低油、低脂、低糖和少辛辣的饮食，即"四低一少"的概念。关于这个概念，本书中的第二章会详细给大家介绍。

为什么要选择清淡饮食？这是根据我国居民当前的饮食习惯和不断攀升的高血压、糖尿病、高脂血症等"现代文明病"的数据而来，因为清淡饮食可以预防和辅助治疗这些疾病，可以提升生活质量和健康水平。

哪些食物是清淡饮食，五谷杂粮、豆薯坚果、蔬菜水果、优质的蛋奶精瘦肉等，都属于清淡饮食。

清淡饮食，您吃对了吗？清淡饮食不是白菜豆腐兑开水，而是让大家炒菜少放油、少放盐，少吃麻辣烫、烧烤、炸鸡柳、奶油面包、热狗等高热量、高油脂、高糖分及辛辣刺激的食物，这些食物是肠胃疾病、富贵病（高血压、糖尿病、高脂血症等）和亚健康的重要诱因。

什么人适合清淡饮食？植物性食物是大自然赐予人类最原始、最美好的食物，用最原始的手法做出最清淡的饭菜，适合所有人群。

明朝养生保健专书《修龄要旨》中有一首歌诀："厚味伤人无所知，能甘淡薄是吾师。三千功行从此始，淡食多补信有之。"只有口味清淡，才能体会食材的味道，心境淡泊才能感知生活的细节，以此滋养心灵，必然好过用外界的刺激填补内心。

希望看到本书的朋友，都能听从大自然的话，大自然给什么就吃什么，做到拥有一个舒坦的胃、平和的心，在清淡饮食中，守护自己和家人的健康，在清淡中多得补益。

目录

清淡饮食 您吃对了吗

第三章 生活中的 清淡饮食都包括哪些

（注：1千卡 = 4.184千焦）

第一章

吃什么：
取法天然植物，大自然对饮食启示

"吃什么"——一日三餐最常见、最基本的问题，虽然每个人都有自己的答案。但这个问题，古人早就给了我们答案：取法自然，依靠自然。在没有农药、化肥、催熟剂的古代，古人靠"天"吃饭，谷物、坚果、蔬菜、水果等是大自然赐予人类最天然、最本源、最纯净的食物。在色素、添加剂、瘦肉精泛滥的今天，植物性食物仍然是我们最天然的饮食选择。生于自然，受制于自然界的影响和支配，违背这一法则，就会受到大自然的惩罚。

论食物的重要性：
植物性食物是人类的天然食物

在中国源远流长的饮食文化长廊中，"民以食为天"的观念始终贯穿其内，这是中华民族最基本、最核心的饮食观。科学家们研究发现，人类无论是从自然规律或生理结构抑或是心理建设来讲，都是最适合吃清淡的植物性食物的种群。

首先，从自然规律来讲，我们的祖先很早就认识到人与自然是统一的，人类起源于自然，依靠于自然，敬天惜物，取法自然。因此，植物性食物是人类依赖生存的物质基础。

其次，从生理结构来看，人类并不是天生的肉食掠杀者。肉食动物都有搏杀的锐利钩爪和锋利的牙齿，而人类双手灵活而不锐利，牙齿更不锋利，说明人类并不是天生的肉食掠杀者，至少不适合吃生肉。再者，食肉动物的肠子一般都特别短，容易排泄，但人类从小肠到大肠，长达数米，即便吃了肉类，排泄也非常困难，这也是为什么人类过度食肉后易患各种疾病的根本原因。因为我们既然违背自然规律享受了肉之美味，但无福消化和排泄其内的毒素、垃圾。

再次，从心理建设方面考虑，吃清淡饮食或偏素食者性情温和，有益于身体健康，延年益寿。而吃油腻或偏荤食者性情易暴虐，易生杂病。医学界已经发现，肉食者比素食患病的种类多数十倍，其中以心血管疾病的发病率最高，心脏病患者因脂肪蓄积过多而致死比例最大，这与患者常年过量食肉大有关联。因为动物脂肪产生胆固醇，导致血管硬化，再加上老年人消化排泄功能衰退，动辄致死。

也许肥甘厚味可以满足人类的口腹之欲，但清淡饮食更适合养生之道。高僧大师们言："咬得菜根香，方知道中味。"清淡饮食不仅使他们面色红润、身康体健，还让他们清心寡欲，喜、怒、忧、思、悲、恐、惊等七情不动乎于胸中，不易致病，更使他们"四大调和，诸根通利，气血流畅"，从而气力充沛，寿元得长。

> "咬得菜根香，方知道中味。"清淡饮食不仅唤醒我们味蕾的初衷，还使我们气血流畅，身体健康。

食物价值面面观：
悉数各类食物的营养价值

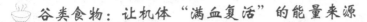

谷类食物：让机体"满血复活"的能量来源

天生万物，独厚五谷。所谓"五谷"，古代有很多种说法，最常见的有两种：一是指稻、黍、稷、麦、菽，一是指麻、黍、稷、麦、菽。现在我们所说的"五谷"，其实是谷类食物的通称，不一定限于五种。谷类食物，就是我们通常所说的主食。

常见的谷类有大米、小米、玉米、小麦、荞麦等。谷类对人体最大的贡献就是为身体提供所需要的能量，目前我国居民中膳食中60%～80%的能量是由谷物提供的。俗话说："人是铁，饭是钢，一顿不吃饿得慌。"说的就是谷类。当我们饥饿的时候，最想吃、最顶饥的食物就是谷类。1碗大米饭、1个馒头（小麦磨面所制成）、1份米粥所提供的能量，是蔬果、菌菇等食物的数倍。

谷类是能量聚集和生命繁殖的源头，是我们膳食中最主要的能量来源。同时，也是蛋白质、膳食纤维和B族维生素的重要来源。完整的谷类分为谷皮层、胚芽和胚乳，谷皮中含有丰富的膳食纤维，胚芽和胚则是温养B族维生素的"沃土"，且胚乳层还富含蛋白质和淀粉。如果每天进食400克的谷物，可以从中摄取约30克的蛋白质。

> **清淡饮食专家讲堂：** 宜多吃粗加工的谷类食物
>
> 蛋白质、维生素、膳食纤维等主要分布在谷类的胚芽部，加工时越精细损失就越多。因此，营养专家建议大家多吃粗加工的粮食。
>
> 粗粮是相对我们平时吃的精米白面等细粮而言的，主要包括谷类中的玉米、紫米、高粱、燕麦、荞麦、麦麸以及各种干豆类，如黄豆、青豆、赤豆、绿豆等。

豆类食物：清淡饮食中的"植物肉"

古人云："五谷宜为养，失豆则不良。"是说五谷均是养人的，但没有豆类就会失去膳食平衡，甚至有副作用。豆类富含谷类蛋白较为缺乏的赖氨酸，属于优质蛋白，豆类与谷类搭配食用，可以起到蛋白质互补的作用，提高蛋白质的利用率。

我国的豆类根据形态特点和营养成分含量的不同，可分为大豆类（黄豆、青豆、黑豆）和其他干豆类（红豆、绿豆、扁豆、芸豆、豇豆、蚕豆等）。豆类是清淡饮食中蛋白质的主要来源，其中以大豆类的营养价值最高，含蛋白质量多质高，且其氨基酸组成接近人体需要，所含脂肪比普通豆类高十几倍，所含的矿物质和维生素也较多。

大豆中的蛋白质含量高达30%～50%，而且品质非常好，是植物性食物中唯一可与动物性食品相媲美的高蛋白食物，有"植物肉"的美誉；大豆中的脂肪含量可达15%～20%，可作为油料作物，大豆油中约含85%的不饱和脂肪酸，可以提供机体必需的脂肪酸；大豆中还含矿物质中的钙、磷、钾、铜、铁、锌及B族维生素和维生素E。

其他豆类的蛋白质含量约为20%，脂肪含量极少，碳水化合物含量较高，其他营养素近似大豆。

清淡饮食专家讲堂：素食者每日需进食一定量的豆类

豆类的优质营养价值很高，清淡饮食营养专家建议大家每日进食一定量的豆类。特别是一些特殊人群，诸如素食者、老年人、绝经期女性等，鼓励每日进食40克左右的豆类。

薯类食物：既是主食又是蔬菜的清淡佳品

薯类食物主要包括红薯、甘薯、马铃薯（土豆）、山药、芋类等，属于高淀粉食物，甚至其淀粉含量比谷类食物还多，因此被许多国家和地区当为主食，或者在膳食设计时，薯类与谷类相交换。当然，薯类食物也可以作为蔬菜食用，制作多种营养美味的佳肴。

薯类食物的营养主要是淀粉，只是不同种类的薯类所含有的营养成分略有不同。比如土豆富含淀粉和蛋白质，脂肪含量低，含有的维生素和矿物质有很好的防治心血管疾病的功效；甘薯中膳食纤维的含量较面粉和大米高，可促进胃肠蠕动，预防便秘，且含有丰富的维生素和钙、磷、铁等矿物质；木薯的淀粉比较特别，适宜于体弱者食用。

蛋奶类食物：老幼妇孺的理想食品

蛋奶类食物从严格意义上来讲属于动物性食品，在营养价值上有着得天独厚的优势，尤其是蛋白质含量非常高。多数弹性素食主义者主要靠蛋奶类食物来汲取蛋白质，严格的素食主义者连蛋和奶都是不吃不喝的，这也是大家所担心的素食者营养缺乏的问题。

蛋类食物的主要营养就是蛋白质，无论是存在于蛋清中的蛋白质还是蛋黄中的卵黄磷蛋白和卵黄球蛋白，都属于优质蛋白质，全蛋的蛋白质消化率达到了98%，所以说蛋类是天然食品中优质蛋白质的最佳来源。

奶类食物不单单是人体吸收钙质的主要来源，还含有丰富的矿物质。可以说，除了不含有膳食纤维，奶类食物几乎含有人体所需要的各种营养素并易于消化吸收。有营养专家说，人在一生的膳食营养中都需要喝牛奶及吃一些奶制品。我国当代儿童的身高和身体健康情况明显高于父辈，也与我国重视奶类食物的摄入息息相关。总之，蛋奶类食物营养丰富且易于人体消化吸收，是老年人、少年儿童以及孕产妇的理想食品。

蔬果类食物：果蔬有"三宝"

蔬果类食物是指各种蔬菜、水果，是人们生活中重要的营养食品之一。在膳食结构中，蔬果以其鲜艳的色泽、可口的味道以及丰富的营养成分，在餐桌上占有很大比重。

> 营养学上果蔬藏有三宝：维生素、矿物质和膳食纤维。

新鲜的蔬菜中都含有丰富的维生素，是膳食中胡萝卜素、维生素C和B族维生素的重要来源。蔬菜根据颜色可分为深色蔬菜和浅色蔬菜两种。一般来讲，深色蔬菜的营养价值要高于浅色蔬菜，颜色越深所含有的各类维生素越多。其中深色蔬菜的钙、铁含量比浅色蔬菜要多1~2倍甚至数10倍，维生素C和B族维生素多10倍左右，胡萝卜素含量高数十倍乃至上千倍。

各种绿叶蔬菜和深黄色蔬菜，如胡萝卜、黄色倭瓜、黄花菜等都含有丰富的B族维生素，白色蔬菜如菜花、白萝卜含胡萝卜素则很低。但是浅色蔬菜多可生吃，节省烹饪油，本身就是清淡饮食。当然，如果控制好油量和味道，深色蔬菜也同样清淡可口。

各种水果，如酸枣、猕猴桃、山楂、柑橘等均含有丰富的维生素C，也是人体矿物质的重要来源，特别是钙、磷、钾、镁、铁、铜、碘等，参与人体重要的生理功能。水果中还含有各种各样的膳食纤维，在体内促进粪便排出，减少胆固醇的吸收，维护身体健康并预防动脉粥样硬化。

🍚 肉类食物：合理选择低脂低油的"清淡"肉类

人们常说的肉类指猪肉、牛肉、羊肉、鸡肉以及动物内脏等，是优质蛋白和脂肪的重要来源。肉类中的蛋白质含量为16%~26%，所含的必需氨基酸比较均衡，容易被人体消化吸收利用，所以被认为是优质蛋白质。肉类也是人体所需要的铁、铜、锌、钼、磷、钾、镁、钠等的良好来源。

此外，肉类之所以受到广大民众的喜爱，称为餐桌上不可缺少的美食，是因为肉类中的含氮浸出物有刺激胃液分泌的作用，当炖汤后或用油烹调时，这些物质可产生特殊的"鲜味"，能够增强人们的食欲。动物内脏也属肉类，其中肝脏的营养价值特别高，能够提供丰富的铁、维生素A、烟酸和维生素B_2。所以定期食用一定量的肝脏，对健康有利。

在各种肉类食物中，以猪肉的脂肪含量最多，即使是纯瘦猪肉，脂肪含量也在20%~30%，而且多为饱和脂肪酸。牛肉的脂肪含量相对较低，蛋白质和铁、铜的含量则较高。鸡肉也是一种含蛋白质高而脂肪低的肉类，其脂肪含量仅为2.5%，且鸡肉的结缔组织柔软，脂肪分布均匀，易于消化吸收，炖出的鸡汤味鲜质高。因此，建议清淡饮食者多选择牛肉和鸡肉。此外，兔肉是一种蛋白质含量高而脂肪含量极低的肉类，其脂肪含量低于0.4%，非常适用于肥胖者或清淡饮食者食用哟！

清淡饮食专家讲堂：这样做肉食既美味又清淡

1. **白煮**。类似清炖，但需要多加一点水，一般选择排骨、牛腩等，煮到肉质软烂（期间完全不放油和盐）。煮出来的肉类捞出，用酱油或特别配制的调味汁来蘸食。白煮烹饪方式对食材的新鲜程度要求是最高的。

2. **凉拌**。在白煮的基础上略微加工，煮到八成软就捞出来，最好在冰箱冷冻片刻，然后切片凉拌即可。凉拌肉类的烹调方法一般选择五花肉较多，其实换成瘦肉片也一样好吃。

3. **酱炖**。用酱代替盐也是清淡控盐的做法之一。就是在清炖肉类时，炖到半熟时加入2勺酱(一般多为干黄酱)，再加少量冰糖，继续炖一段时间，让酱的香气和咸味慢慢地渗透进去，到肉变软的时候，大火收汁即成。

有的放矢：
人体都需要哪些营养素

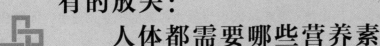

蛋白质：人体的主要构成物质

提到蛋白质，很多人第一个想到的就是鸡蛋清，即蛋白。其实，蛋白质是一种含氮的高分子有机化合物，是一切生命的物质基础。

> 蛋白质是一切生命的物质基础，广泛存在于肉类、鱼类、蛋类、奶类、豆类及豆制品、谷类、坚果等食物之中。

人体组织是由细胞构成的，细胞中除了水分外，蛋白质约占细胞内物质的80%。人体的肌肉组织、心、肝、肾等器官以及骨骼、牙齿乃至脚趾等都含有大量的蛋白质。因此，蛋白质是构成机体组织、器官的重要成分。人体每天需要合成70克以上的蛋白质，如果不能满足需要，人体的生长发育就会停滞，体重逐渐下降。

机体生命活动之所以能够有条不紊地进行，有赖于多种生理活性物质的调节。而蛋白质在体内是构成多种重要生理活性物质的成分，参与调节生理功能。此外，蛋白质还能够提供能量，1克蛋白质可以产生4千卡的能量。

蛋白质的植物来源非常广泛，在肉类、鱼类、蛋类、奶类、豆类及豆制品、谷类、坚果等食物中含量都很丰富。

脂肪：人体高能量的来源

脂肪是构成细胞膜和神经组织的重要物质，并给机体提供热量。1克脂肪产生的能量是9千卡，比1克蛋白质或碳水化合物产生4千卡的能量高1倍多。所以说，脂肪是人体高能量的主要来源。

脂肪除了本身能够给身体提供脂溶性维生素外，还是人体吸收脂溶性维生素的必需条件。离开脂肪，脂溶性维生素（比如维生素A、维生素D、维生素E等）都无法被机体所消化利用。脂肪还提供给人体生长发育所需的脂肪酸，是幼儿和少年儿童的必需物质。

清淡饮食虽然提倡"低脂"，但脂肪同样是人体所必需的物质，可以说，没有脂肪就没有生命。脂肪，多存在于植物油、肉类、鱼类、油脂类坚果、豆类及豆制品之中。

🍲 碳水化合物：生命活动的主要能源

碳水化合物，又称糖类，常常被人们想象为血糖的主要创造者，而被视为"公敌"。其实，碳水化合物也是人体必不可少的一部分，由碳、氢、氧三种元素组成，是人体最主要、最经济的能量来源，每日可以给机体提供55%~65%的总能量。最重要的是，碳水化合物可以为大脑提供能量，对于学习任务繁重的学生或工作压力大的白领来说，非常重要，是其他营养素都无法替代的。

机体中碳水化合物的存在形式主要有三种，分别是单糖、双糖和多糖。单糖是最简单的碳水化合物，常见的有葡萄糖、果糖、半乳糖，具有甜味，易溶于水，可以不经过消化液的作用，直接被人体吸收和利用。膳食来源主要是蔗糖、糖果、甜食、糕点等。

双糖是由两个分子的单糖结合在一起，再脱去一分子的水后合成。常见的有蔗糖、麦芽糖、乳糖等，易溶于水，经机体分解为单糖后，可以被吸收利用。有些成人的消化道中缺乏分解乳糖的酶，因而食用乳糖过量后不易消化，往往出现胀气、腹泻等症状。膳食来源和单糖一样，有甜味水果、含糖饮料、蜂蜜等。

多糖是由数百乃至数千个葡萄糖分子组成，常见的淀粉、糊精属于此类，没有甜味，不易溶于水，经消化酶作用最终也分解为单糖。

碳水化合物也是构成机体组织的主要成分，并参与机体新陈代谢过程。其主要功能是：储存和提供能量，构成组织及重要生命物质，节约蛋白质，保肝解毒和对抗产生酮体的作用。

清淡饮食专家讲堂：低脂饮食不单单是炒菜少用油

清淡饮食中提到"低脂"，很多朋友想当然认为只要炒菜少放油就是限制脂肪。是，也不全是。因为脂肪分为看得见的脂肪和看不见的脂肪两种。前者是我们感官可感应到的多脂食物，比如植物油、动物油、动物外皮（鸡皮、鸭皮等）；后者是看不见的脂肪，比如肉类、豆制品以及花生、杏仁、开心果等坚果类食物，都含有较多量的脂肪。这些看不见的脂肪恰恰是人们容易过量摄入的，大家在清淡饮食中也要注意哟！

维生素：维持生物体生命的微量营养素

食物是维生素的主要来源，但天然食物中维生素含量并不高，并且很容易在储存或烹调过程中损失。

长期摄入维生素不足或因其他原因无法满足生理需要时，可影响机体的正常生理功能。如果维生素严重不足的状态持续发展下去，可导致一系列临床症状，如夜盲症、佝偻病、脚气病等。

名称	功能	食物来源
维生素A（或胡萝卜素）	维持视力健康和角膜的保护神，并可促进伤口愈合	蛋黄、鱼肝油、胡萝卜、菠菜、茼蒿、空心菜、南瓜、番茄、芒果、沙棘等
维生素D	促进钙和磷的吸收利用，促进骨骼和牙齿的生长与健康	鱼肝油、蛋黄、牛奶
维生素E	保护血红细胞，防止维生素A及维生素C的氧化，机体强效抗氧化剂	植物油、带皮谷物、豆类及豆制品等
维生素B_1	协助碳水化合物的代谢，维持神经系统的健康	带皮谷物、粗粮、豆类、花生、芝麻等
维生素B_2	协助蛋白质、脂肪和碳水化合物的代谢，制造机体组织，促进面部皮肤和眼睛的健康	蛋黄、河蟹、鳝鱼、口蘑、紫菜等
维生素B_6	协助蛋白质代谢，促进铜和铁的利用及身体的正常生长	带皮谷物、豆类及豆制品、胡萝卜、土豆、芹菜等
维生素B_{12}	协助制造红细胞，维持神经系统的正常功能	肉类、乳及动物肝脏，因此是素食者最容易缺乏的维生素。但豆类、紫菜和海藻类食物中也含有较丰富的维生素B_{12}
叶酸	胎儿生长发育不可缺少的营养素，可预防胎儿畸形、降低女性患乳腺癌的概率	动物肝脏、水果、蔬菜、麦麸
维生素C	保持血管健康，促进铁的吸收，帮助抵抗感染	新鲜的水果、蔬菜
维生素K	促进凝血，防止流血不止而发生意外，此外维生素K还参与骨骼代谢，增强人体的骨密度	猪肝、菠菜、圆白菜、瘦肉、土豆、豌豆、鸡蛋、胡萝卜、牛奶等

矿物质：人体健康的护卫者

矿物质是构成人体细胞和维持正常生理功能所必需的各种元素的总称，是人体必需的七大营养素之一。人体中含有的各种元素，除了碳、氢、氮等主要以有机物质的形式存在以外，其余的60多种元素统称为矿物质。其中约21种为人体营养所必需：钙、镁、钾、钠、磷、硫、氯7种元素含量较多，约占矿物质总量的60%~80%，称为宏量元素；铁、铜、碘、锌、硒、锰、钼、镍、氟、钴、铬、锡、钒、硅共14种，存在数量极少，在机体内含量少于0.005%，被称为微量元素。

矿物质名称	功能	缺乏弊端	食物来源
钙	构成骨骼、牙齿的重要成分	儿童缺钙可能患佝偻病、手足抽搐症、生长发育障碍等。成人缺钙就会发生骨质软化症、骨质疏松症	奶制品、蛋黄、虾皮、海带、芝麻酱、豆类、绿叶蔬菜等
铁	参与氧气的转运、交换，并将组织细胞所产生的二氧化碳排出体外	缺铁性贫血症、记忆力减退、心慌气短、疲乏无力等	动物肝脏、全血、肉类、鱼类以及深绿色蔬菜、黑木耳、黑米等
锌	机体正常生长发育过程中必不可少的微量元素，被誉为"生命的火花"	缺锌会导致胎儿生长发育迟缓，儿童食欲不振、异食癖，伤口不易愈合、机体抵抗力下降等	瘦肉、蛋类、奶类、坚果、蘑菇等
硒	防止氧化物在细胞内堆积，保护细胞的功能	缺乏可能会引发克山病、心功能不全、心律失常	动物肝脏、肾脏、海产品、肉类等
铬	被誉为"葡萄糖耐量因子"，促进胰岛素的功能	缺乏会导致胰岛素功能下降，易诱发高血糖症状	粗粮、土豆、牛肉等

虽然矿物质在人体内的总量不及体重的5%，也不能提供能量，可是它们在体内不能自行合成，必须由外界环境供给，并且在人体组织的生理作用中发挥重要的功能。矿物质是构成机体组织的重要原料，如钙、磷、镁是构成骨骼、牙齿的主要原料。矿物质也是维持酸碱平衡和正常渗透压的必要条件。人体内有些特殊的生理物质如血液中的血红蛋白、甲状腺等都需要铁、碘的参与才能合成。

在人体的新陈代谢过程中，每天都有一定数量的矿物质通过粪便、尿液、汗液等途径排出体外，因此必须通过饮食予以补充。但是由于某些微量元素在体内的生理作用剂量与中毒剂量极其接近，因此过量摄入不但无益反而有害。根据矿物质在食物中的分布以及吸收情况，在我国人群中比较容易缺乏的有钙、锌、铁。如果在特殊的地理环境和特殊生理条件下，也存在碘、氟、硒、铬等缺乏的可能。

水：生命的摇篮

水是生命之源，是一切生命唯一必需的物质，生命从水开始。人对水的需要仅次于氧气。

人类的一生都与水有着密切的联系。胎儿在母体中，依赖羊水而生存，通过羊水进行呼吸、吸收营养、活动四肢等，而且羊水

> 水是一切生命之源，是一切生命赖以生存的物质基础，人也不例外，离开了水，就会危及生命。

还可以保护娇嫩的胎宝宝免受母体体外的冲击。婴儿出生后，乃至到儿童、少年、青年、直至生命的终结，也在不断进食水、汤粥，生病了输注液体……水是生命的源泉，是我们赖以生存和发展最重要的物质资源。

水是维持生命、保持每个细胞和体液的所必需的物质。人体是由无数细胞组成的，每个细胞的重要组成部分都是水分，因此人体的水分含量最高。人体内的水分称为体液，是由一定的水分和溶解于其内的电解质共同组成的。不仅人体细胞的成分大部分是水，每个细胞还被体液所包围。如果人体缺水，消化液的分泌就会减少，影响食物消化，进而导致食欲下降、体内垃圾毒素积累、血液流通减缓、代谢活动降低等不良后果，并最终影响免疫力功能，容易生病。

水是人体所有生理功能的基本能量来源，所有营养物质的分解过程都需要消耗水，才能为人体细胞，尤其是脑细胞的运转提供一刻不停的能量供应。所

以，水对于我们的身体，除了前面讲的生理功能和作用外，还表现在以下这些方面。

1.水具有黏合剂作用。水是细胞中固体物质的黏合剂，可使不同的物质黏合在一起，形成细胞膜，并在细胞周围形成保护层。

2.水的导电功能。水还可以让细胞膜上的离子泵得以运转，为全身的神经信号传递提供功能。

3. 水是填充身体空隙的主要物质。

4.水的分解作用。进入人体内的所有营养物质的分解过程都需要消耗水，才能为人体细胞提供能量。

5.水转化能量的作用。我们所吃的食物都是能量转化的产品，这个转化是从水分最初产生的电能特性转换而来的。也就是说，人类得以维系生命和健康，都需要依靠水所产生的能量。

6.喝水有助于提升能量。如果感觉很疲惫，有榨干耗尽的感觉，很可能是脱水引起的，要及时补充水分。足量饮水能够使心脏更有效地泵血，而且体内水分有助于血液输送氧和其他细胞必需的养分。

7.水有助于缓解压力。人体脑部组织的70%～80%由水分构成，如果脱水，身体和大脑都会感受到压力。及时补充水分，可以舒缓因脱水导致的压力。

8.滋养肌肤。一旦脱水，皮肤上细小的皱纹和纹理将会变深。水是天然的美容霜，喝水能为皮肤细胞补充水分，使它们更饱满，使肌肤润泽细腻，焕发光彩。

一般来讲，健康的成年人每日约需2500毫升的水，其中约有1200毫升来自于饮水，1000毫升来自于食物中的水，其余300毫升水则来源于体内代谢所产生的水。人体每日的需水量根据气温、劳动强度、身体状况的不同而有所调整。比如炎热的夏季或者活动量较大时，需水量可达到4000毫升。因此，不要等到口渴时才想起来喝水，每天要保证充足的饮水量。但是，患有慢性功能衰竭或心功能不全等疾病患者，应该在医生的指导下适量限制饮水。

清淡饮食是老祖宗遴选的食物清单

"吃什么"，这几乎是每个人每日三餐前都会考虑的问题。在物质文明高度发达的今天，"吃什么"已经远远不是"有没有""够不够"的问题了，而是什么食物更可口、更营养。那么，在注重饮食养生、饮食营养的今天，我们应该吃什么？

《黄帝内经·素问·藏气法时论》中提到："五谷为养，五果为助，五畜为益，五菜为充。"意思是说我们饮食当以谷物作为根本，即主食，而水果、蔬菜和肉类等都是作为主食的辅助、补益和补充。仔细看我们餐桌上的食物，发现我们最家常的食物还是这些谷类、蔬果、肉类等。

> 老祖宗用味蕾本能和生活经验为我们遴选的饮食清单：最家常、最本味的清淡饮食才是最好的食物，而饮食上一味求新求怪则不是饮食的常态，是一切杂病的来源。

也就是说，在优胜劣汰的历史长河中，老祖宗为我们遴选出的最安全、最美味、最滋补的食物清单。这千百年饮食基因中带有的饮食密码，经过千锤百炼的优胜劣汰，如果这些食物生命力不够旺盛、无法满足人类的口腹之欲和营养所需，就无法成为这么家常的存在。

所以，我们看到了，最家常、最本味的清淡饮食才是最好的食物，而饮食上一味求新求怪则不是饮食的常态。事实也已经证明，"求新求怪"的饮食态度恰恰是当代很多怪病出现的根源。

清淡饮食专家讲堂：最家常的清淡饮食是最好的食物

作为世界上最会吃的民族，我们的老祖宗早已经为我们提供了最佳的饮食选择：清淡饮食。因为最美好的食材，只需要采用最朴素的烹饪方式，就能成为美味珍馐。清淡饮食，不仅口味适宜各种人群，更是对身心健康有益。

食宜清淡，于身有补，于心有益

上一节，我们知道了饮食当"五谷为养，五果为助，五畜为益，五菜为充。"那么，在口感选择上呢？自然是以清淡为主。

饮食清淡，于身有补

从大自然的规律来讲，饮食清淡，对身体健康有益。在大自然的众多物种之间，有一条将这些物种相互联系起来的长长的食物链：植物吸收空气、阳光、土壤中的养分与水——食草动物吃植物——食肉动物吃食草动物，大动物吃小动物。那人类呢？自然是处于食物链的最高端。越是处于低级环节的物种，它们的食物来源越单纯、清洁、直接，营养成分无需过多的转化便能被机体直接消化吸收；越是处于高级环节的物种食物来源越复杂、混浊、间接，其营养成分需要经过更多的转化程序才能被吸收。

所以，我们看到了，越处于食物链的最高端，处境越是不好。一般情况，动物吃植物，而现在许多动物是人类所饲养的，人类对农药、化肥并未重视，因此将大量具有农药的植物喂饲了动物。人吃动物，不仅吃了含有毒素的尸毒，而且间接吃了动物体内的农药。

饮食清淡，于心有益

从潜在有益因素来看，饮食清淡可以安定神经，使大脑聪慧。《礼记》云："食肉者勇敢而悍，食谷者智慧而巧。"美国麻省理工大学研究员也有类似的报道说，健康饮食，尤其是全麦食物能促进大脑化合作用，创造心灵深处的安宁幸福。所以，清淡的素食可以获得更为健全的脑力，也才能使智慧与判断力提高。

常用的五谷类、坚果和蔬果中，包含有足够的蛋白质、碳水化合物、植物油、矿物质等，都是各种身体必需的养分，不仅可以建造或修补人体的组织，供给人体体能，还因富含各类维生素而又安定神经的作用。饮食清淡，我们的身体更轻盈，大脑也更灵巧。

清淡饮食您吃对了吗

14

第二章

怎么吃：
食淡得舒，还清淡饮食一个正解

　　"怎么吃"——用嘴吃！对，也不全对。在解决了"吃什么"的问题后，大家开始考虑"怎么吃"，怎么吃得健康，怎么吃得营养。中国的饮食文化青睐儒家中庸之道的"平和之味"，也就是清淡饮食。本章为清淡饮食正名，诠释真正意义上的清淡饮食不是指清汤寡水的素食，而是指低油、低脂、低盐、低糖和少辛辣的饮食。

您吃对了吗？
还原医嘱中真正的清淡饮食

提到清淡饮食，很多人的第一反应就是清汤寡水的白菜豆腐，也就是寺院里的素食。实则不然，清淡饮食的定义是"少油、少糖、少盐、不辛辣的饮食，也就是口味比较清淡的饮食。"本书从医学角度出发，再增加一个"少脂"。即还原医生嘱托真正的清淡饮食——低盐、低油、低脂、低糖和少辛辣的饮食。

低盐

任何生物的生存都离不开盐，人类也不例外。水、盐（钠）和钾共同对人体的水成分起到调节作用，我们可以通过食用蔬菜和水果来获取生理活动需要的水和钾，但无法通过类似的手段获得足够的钠，所以必须通过食用盐分来补充。盐的真正价值除了调节身体水分平衡外，还含有机体所必需的矿物质，调节机体免疫等功能。可以说，盐是人体的"软黄金"。

> "低盐"不仅仅是指每日食盐的摄入量不超过2克，还指禁食腌制品，如咸菜、皮蛋、火腿、香肠、虾米等。

盐对人体有着至关重要的作用，有道是"咸是第一香"，饮食中更因为有了盐而更加美味。更因为我们"放大"了食盐的美味和功效，国人的食盐量超出国际平均水平好多。世界卫生组织建议健康成人每日的食盐摄入量不要超过5克，以3克为宜。《中国居民膳食指南（2007）》建议盐的摄入量为6克，但显然无论是农村和城市，我国居民的食盐摄入量大多数都超标了。调查显示，我国居民平均每人每天摄入10～12克盐，80%多的居民食盐消费量都超过建议的量，应加以控制。

清淡饮食提倡低盐饮食。所谓低盐饮食，是指每日可用食盐不超过2克（约一牙膏盖，含钠0.8克）或酱油10毫升/天，但不包括食物内自然存在的氯化钠。低盐饮食，尤其适用于心脏病、肾脏病（急性、慢性肾炎）、肝硬化合并有腹水、重度高血压及水肿患者。

低油

炒菜用油多，色泽鲜艳，口味可口，促进食欲。炒菜放油少，色泽干枯，口味涩寡，食欲不振。于是，随着人们生活水平的提高，餐桌上盘子里的油水也越来越多，中国人很快完成了从"没油吃"到"不差油"的过渡，还美其名曰"油多炒菜香"。殊不知，我国的烹调油用量早就超标了，因油脂摄入过多导致的肥胖、高血压、心血管疾病等日益增多。

本书说提到的油，主要是指烹调方式中用到植物油和动物油。植物油有大豆油、花生油、菜籽油、玉米油、麻油等，而动物油则指猪油、牛油、鸡油、羊油等。

根据中国营养学会的推荐，每人每天油脂的用量应控制在25～30克，而很多城市人口已经达到50克，甚至80克，简直像是"喝油"，由此带来了肥胖、代谢综合征、心脑血管疾病等健康问题。可以说，餐桌控油已经到了刻不容缓的地步。尤其有上述病症患者，应该在医生指导下选择低油饮食。

当人体吃油过量时，由于脂肪不溶于水，在细胞内不与水结合而以脂肪形式大量储存，可导致肥胖。另外，动物脂肪中有大量的胆固醇，当其动态平衡失调后，就会使胆固醇堆积于组织，尤其是动脉壁中，造成高血脂，可导致动脉粥样硬化和冠心病。

那么，在日常生活中，我们应该如何减少烹饪油的摄入呢？

1.烹饪方式的选择：炒菜时，多用清蒸、水煮、清炖、凉拌等各种不必加油的烹调方式，炒菜不要过多放油，更禁止用油炸方式烹调食物。

2.食材的选择：尽量选择素食，肉类要选用瘦肉，并将瘦肉旁附着的油脂及皮层全部切除。

3.在外用餐：应尽量选择清炖、凉拌的食品。

清淡饮食专家讲堂：减肥≠不吃油

以瘦为美的今天，减肥成为最热门的话题之一。有些人认为肥胖是油脂引起，就开始拒绝摄入油脂，每日只以蔬菜水果充饥。这种做法是错误的，长期下去会导致疾病缠身。因为亚麻酸、亚油酸等必需脂肪酸是人体必需的物质，它们不能自身合成，必须从含有脂肪的油脂或食物中摄取。其次，一些脂溶性维生素（如维生素A、维生素D、维生素E、维生素K）只能溶于脂肪内才能吸收，这些物质都是人体新陈代谢的重要物质。长期缺乏易导致疾病发生。因此，油虽不能多吃，但也不能不吃，关键在于适量。

清淡饮食 您吃对了吗

🍲 低脂

　　营养专家建议现代人选择低油、低脂的饮食方式，有很多人将低油与低脂混为一体。两者确实有所关联。油脂是一类有机物质的总称，在常温下呈液态的常称为油，在常温下呈固态的常称为脂。从化学角度来看，油是脂类的一种，易被人体所吸收，转化为最简单的葡萄糖进而产生能量；脂类则需要在人体内转化为油类才能被人体所吸收吸收。

　　脂肪是人体的重要组成部分，还能促进食欲和增加饱腹感。脂肪对人体是有益的，然而我们在日常饮食中却摄入了过多的脂肪。世界卫生组织推荐合理膳食脂肪不宜超过30%，根据我国居民能量实际摄入计算，建议脂肪摄入量应该控制在60～85克，但目前光是烹调油人均消耗就已高达41.6克，可以确定是过量的。

　　低脂饮食是指进食含脂类，尤其是甘油三酯、胆固醇比例较少的食物，这种结构的饮食被称之为低脂饮食。低脂饮食常用于减肥，也适用于防治高脂血症、高血压、心脏病、糖尿病、脑血管疾病，但都需合理食用。

▬ 低脂食物代表

　　1.主食类：大米、玉米粉、咸苏打饼干等。

　　2.肉类：牛肉、羊肉、鸡肉。

　　3.蔬菜：南瓜、土豆、白萝卜、胡萝卜、西红柿、菠菜、芦笋、黄瓜、茄子等。

　　4.水果：几乎所有的新鲜水果。

　　5.水产品：鲤鱼、虾、蟹肉、牡蛎等。

> 　　低脂饮食尽量不要食用含高胆固醇、高脂、高热量食物。高胆固醇食物有：动物肝脏、动物脊髓、蛋黄；高脂食物：肥肉、动物油、奶油、花生等；高热量食物：糖果、巧克力。

　　6.其他：脱脂牛奶、蜂蜜、生姜等。

▬ 低脂饮食原则

　　提倡"素多荤少，多蔬果，少肉类"的原则，注意多摄取五谷杂粮、薯类和各类新鲜的水果、蔬菜。

　　建议多吃食物，少吃食品。所谓食物，是指自然界自然生长的植物和动物，比如五谷杂粮、生的坚果、各种新鲜的蔬菜、水果、新鲜的生鱼肉等。食品是指含有人工添加剂的香肠、火腿、腌制品、罐头食品、饮料以及精加工的面包、饼干等。简单来讲，就是建议多吃自然状态下的"原装"食物，少吃人工加工或添加物的食品。

此外，就是上一小节已经提到过的，尽量选择蒸、煮、凉拌等少油的烹调方式。

脂肪摄入过多，肥胖只是一个表象，对健康的损害才是更大的隐患。但是脂肪又是人体所必需的营养成分。那么，应该怎样科学选择低脂饮食呢？除了在烹调方式上尽量选择低油烹饪外，我们还应该区分对待"好"脂肪和"坏"脂肪。

脂肪酸分三大类：饱和脂肪酸、单不饱和脂肪酸、多不饱和脂肪酸。好的脂肪是单不饱和脂肪和多不饱和脂肪，对健康有益。坏的脂肪指的是饱和脂肪和反式脂肪，它们对健康有害，会升高血脂，增加患心血管疾病的风险。

清淡饮食专家讲堂：轻松识别"好""坏"脂肪

总得来说，"好"脂肪多为植物来源和液体状态；坏脂肪多为动物来源和固态。因此，建议大家在炒菜时尽量以植物油为主，并间或搭配不同的植物油，如橄榄油、葵花籽油、大豆油、花生油等，兼顾营养全面而又享有多种不同的美味。动物脂肪中的饱和脂肪酸和胆固醇含量高，应减少食用，控制菜式的脂肪含量，让您和家人在享受美食的同时也能吃得更安心。

低糖

近年来，我国的糖尿病患者数量逐渐递增，而且越来越呈低龄化发展趋势。于是低糖饮食越来越被很多人所接纳，大家开始养成多吃菜、不吃或少吃主食的习惯，称"低糖食物有营养，还不容易长胖，升血糖。"

从医学角度来讲，正常人的血糖水平过高也会诱发肥胖等疾病，所以，并不是只有糖尿病患者才需要选择血糖指数适宜的食品，每一个希望拥有健康的正常人都应该重视。

根据食物中含糖量的多少，我们可以将食物分为高糖、低糖和无糖三类。含糖量高的食物主要是食用糖和各种谷类食物，无糖食物则主要包括各种食用油，而低糖食物则是指蔬菜、水果和肉类。

低糖食物的概念

低糖食物，也称为低碳水化合物食物，是指一些吸收较慢，不会引起胰岛素大幅度波动、保持胰岛素分泌平稳的食物。要达到低糖饮食，要避免吃白面包、精致麦片、曲奇饼干和软饮料（含糖较多的饮料），多吃水果蔬菜、豆类和未加工的谷类。

碳水化合物含量相同的食物进入人体后，会引起不同的血糖反应，因为不同结构、类型的碳水化合物食物在胃肠内消化吸收的速度不同。血糖生成指数是碳水化合物与人体生理反应的一个参数，在80以上属于较高，在20以下属于较低。

血糖生成指数在10～20的食物：大麦、大豆、扁豆、蚕豆、土豆、粉条、低脂奶粉等。

血糖生成指数在80以上的食物：大米饭、糯米饭、白面馒头、面条、葡萄糖、白糖、酸奶等。

对于健康人来讲，理想的血糖生成指数水平应该保持在55～75比较适宜，低指数食物也应加以限制。不能只吃几种低指数的食物，那样会导致食物单一化，营养失去平衡。

低糖饮食要搭配一定的蛋白质和膳食纤维

低糖食物虽然对控制血糖有利，但不能当饭吃。因为人体的生命活动需要热量，而热量源于食物，食物中可产生热量的营养有蛋白质、脂肪和碳水化合物。因此，低糖饮食的同时要搭配摄入一定量的蛋白质和膳食纤维。适量的蛋白质和脂肪可以使血糖水平降低，减少胰岛素的分泌、降低血糖。食物的合理搭配非常重要，选择食物的关键是平衡膳食，这样既达到食物多样化目的，又能有效控制血糖。

低糖饮食≠只吃菜不吃饭

低糖饮食并不意味着不吃或少吃主食，因为如果碳水化合物的摄入量远远不能够满足人体能量的需要，就必然会增加蛋白质和脂肪丰富的肉类的摄入，一旦油脂摄入增多（即便都是蔬菜也会用过多的油炒出来的），就会导致体内脂肪堆积，同样引发肥胖、高脂血症等。所以，低糖饮食必须吃一定量的主食。

有医学研究发现，如果我们正餐只吃米饭，血糖生成指数是82.3，而米饭和猪肉一起吃，血糖生成指数为72；如果改成米饭、猪肉、芹菜一块吃，该指数就下降到57.1。所以，人们最好还是一边吃饭，一边吃菜，对身体更有利。

低刺激

　　低刺激其实就是少辛辣。辛即是辣，辛辣饮食是指辣的食材，味道尖锐而强烈。我国南方有些省份的人们有"无辣不欢"的饮食习惯，即嗜好吃辣椒；北方某些省份的居民则有大葱蘸酱或吃大蒜的习惯。少辛辣饮食，就是少吃这些辛辣的食物。

辛辣食物的代表

　　辛辣类食物包括葱、蒜、韭菜、生姜、酒、辣椒、花椒、胡椒、桂皮、八角、小茴香等。此外，洋葱、香菜等也属于辛辣食物。

为什么建议饮食少辛辣

　　营养专家建议大家饮食少辛辣，是从健康角度而言的。辣椒、胡椒、花椒等辛辣食物不仅对人体的咽喉、食管和胃部具有很大的刺激作用，而且还具有"发散"作用。过多食用辛辣食物，容易"耗损气机"，可能导致人体气虚血亏，致使机体免疫力下降。尤其是有咽喉炎、食管炎、胃炎和胃溃疡等患者，更应该杜绝辛辣食物，以防刺激病灶部分，加重病症。也就是说，从专业角度来讲，建议大家饮食少辛辣，以清淡为主，才是养生之道。

清淡饮食 您吃对了吗

清淡饮食的营养配比七原则

　　清淡饮食最基本的原则就是提倡饭菜口味清淡，对盐分、油脂、糖类的摄入量加以控制，并少辛辣。但饮食习惯一定要科学，食物要多样化，以谷类为主，多吃蔬果、豆类和喝奶类，并适量食用一些蛋类、鱼肉和禽肉类。概括来讲，就是"从一到七"的清淡饮食模式。

　　1 个水果。每天至少吃1个富含维生素的新鲜水果，补充人体营养、生长所必需的某些少量有机化合物。长年坚持，会收到明显的美肤效果。

　　2 盘蔬菜。保证每日至少进食两盘素菜，几乎每个人都可以做到。但需要注意的是：必须保证其中一盘蔬菜是时令新鲜的、深绿颜色的，而且实际摄入量保持在400克左右。如果可以，时令新鲜蔬菜最好是可生食的凉拼，比如只用酸奶（不用果酱、炼奶等）拌的水果沙拉、蜂蜜西红柿或凉拌芹菜等。这样做的目的除了保证低油脂、低糖外，也是为了避免蔬菜在加热过程中损失掉部分维生素。

　　3 勺素油。素油的意思是植物油，可光洁皮肤，保护心血管健康。每天烹调用油限量为3勺，符合清淡饮食中的"低油"标准。

　　4 碗粗饭。粗饭泛指未精细加工的谷类主食，营养吸收更全面，且可壮身体、美身段。

　　5 份蛋白质食物。每日保证50克肉类（最好是瘦肉）、50克鱼类、200克豆腐或豆制品、1个蛋、1杯牛奶。这种以低脂肪的植物蛋白配非高脂肪的动物蛋白质的方法，经济实惠而且动物脂肪和胆固醇相对减少，是公认的健康饮食。

　　6 种调味品。尽量用醋、葱、蒜、辣椒、芥末等调味品调味，可提高食欲，解毒杀菌，舒筋活血。

　　7 杯白开水（每杯200毫升）。每天喝水不少于7杯，以补充体液，促进代谢。注意不用每杯必须是白开水，但要尽量避免是加糖或带有色素的饮料。

清淡饮食 ≠ 吃素：
认清清淡饮食的误区

对于清淡饮食，很多人都存在一定的误区，认为清淡饮食就是素食，其实不然，真正意义上的清淡饮食，我们在前面已经讲过了，就是指低盐、低油、低脂、低糖和少辛辣的饮食。下面，我们就来来认清清淡饮食的几个常见误区。

误区一：清淡饮食=吃素

清淡饮食是指低盐、低油、低脂、低糖和少辛辣的饮食，而不是素食。如果天天吃素，但是炒菜时放油、食盐很多，为了提味，加入很多糖或辣椒，同样违法了清淡饮食的原则。清淡饮食，口味一定要清淡。

误区二：清淡饮食=不沾荤腥

清淡饮食的实质是强调少盐、少油脂，而不是不沾荤腥。一些脂肪含量较少的瘦肉、鱼肉、牛肉等还是需要适当进食的，以满足机体的蛋白质所需。

误区三：清淡饮食=炒菜不放油

少油 ≠ 不放油。需要清淡饮食的朋友，在烹调方式上尽量多选择蒸、煮、炖的方式，而少煎炸等需要多放油的烹调方式。但是，不可一味地炒菜不放油，这样不但口味寡淡，也会导致人体某些必需营养素的匮乏。人体一些必需的脂肪酸和脂溶性维生素不能单独合成，必需从含有脂肪的油脂或食物中摄取。因此炒菜放油不宜多，但也不能不吃油，关键在于适量。每天3勺素油还是要有的。

误区四：清淡饮食=植物油替代动物油

由于动物油中的胆固醇含量较高，油脂也多，一些选择清淡饮食的朋友就拒绝动物油，这其实是片面的。动物油（鱼肝油除外）含有饱和性脂肪酸，长期或大量食用容易导致动脉硬化，但它又含有对心血管有益的脂蛋白和多烯酸等，可以起到改善颅内动脉营养与结构、抗高血压和预防脑中风的作用。

只吃植物油会促使体内过氧化物增加，与人体蛋白质结合形成脂褐素，在器官内沉积，会促使人衰老。甚至过氧化物的增加还会影响人体对维生素的吸收，增加乳腺癌、结肠癌的发病率。正确的做法应是以植物油为主，以动物油为辅。

肥甘厚味VS清淡饮食：
为什么要选择清淡饮食

在日常饮食中，大家的口味迥异，有些人的口味比较重，喜欢吃肥甘厚味的食物和菜肴；有些人的口味比较轻，偏好清淡饮食。那么，从健康和营养学来讲，哪种饮食习惯比较好呢？

肥甘厚味

概念：肥甘厚味就是中医所说的膏粱厚味，一般是指非常油腻、甜腻的精细食物或者味道浓厚的食物。

特点：高热量食物，脂肪和糖的含量都很高，容易造成肥胖。这类食物中，每100克食物中所含热量在300千卡以上，蛋白质含量在20%左右，一般含水量在15%以下，脂肪含量高达15%左右。

食物代表：动物肝脏、各种肉类、龙眼肉、黄豆、红豆、小麦粉。

清淡饮食

概念：清淡饮食指的是低盐、低油、低脂、低糖、少辛辣的食物，也就是口味比较清淡。

特点：低热量食物，最能体现食物的真味，最大程度地保存食物的营养成分。含水量多在70%～80%之间，100克中所含能量在40千卡以下，蛋白质含量在2%以下，脂肪含量则在3%以下。

食物代表：多数新鲜蔬果、汤、羹类食物。

从上文对比可知，肥甘厚味属于高能量食物，可以给我们力量，但也是现代文明病（高血糖、高脂血症、高血压）的根源。因此养生专家一贯主张日常多吃清淡素食，少食肥腻厚味的荤食。从中医角度来讲，湿被视为引发及恶化疾病的关键，为防内湿，饮食宜清淡易消化，忌肥甘厚腻。

清淡饮食专家讲堂：明代养生注养内而非养外

明代的养生专书《寿世保元》曰："善养生者养内，不善养生者养外，养内者以活脏腑，调顺血脉，使一身流行冲和，百病不作。养外者恣口腹之欲，极滋味之美，穷饮食之乐，虽肌体充腴，容色悦泽，而酷烈之气，内浊脏腑，精神虚矣，安能保全太和。"

清淡饮食您吃对了吗

清淡饮食
是膳食平衡的基础

《黄帝内经·素问》中提到："五谷为养，五果为助，五畜为益，五菜为充，气味和服之，以补精益气。"奠定了中国饮食观的基本原则。五谷、五果、五菜均为清淡的植物性食物，搭配"五畜"，还要"气味和"，是说食物的性味要平和，也是清淡饮食的概念。

喜爱的不一定是适宜的

国外有饮食专家曾提出一个观点，认为嘴瘾和身体缺乏某种元素有关，应该听从内心的召唤，满足口腹之欲是饮食的王道。但是，你喜爱的不一定是适宜你的。比如糖尿病人喜欢吃甜食，但却是被禁止的。正所谓"别人的美食可能是你的毒药"，正确的饮食选择，应该是选择适宜你的食物，而不仅仅是你喜爱的食物。

什么样的食物是最适宜的，要根据个人的体质和具体情况来讲。简单来说，寒性体质者不宜吃生冷的瓜果、饮料等；热性体质者不宜吃龙眼、当归等热性食材；气郁体质者宜多食理气的白萝卜、莴苣、橙子等。"万物有灵则美，胃以喜者为补。"只有与我们体质相合的食物，我们才会感觉到味美。

概括论之，清淡饮食是适合大多数人的饮食选择。世界上最好的菜肴就是用最普通的食材，采用最简单的烹调方式进行烹饪，性味足够平和，没有偏性，就是美味。

粗细搭配，合理摄取营养素

营养学研究证明，没有一种食物可以满足身体所需要的全部营养物质，只有合理搭配，方能给机体提供全面营养所需。

所谓粗细搭配有两层含义：一是适当减少精制米面的摄入量，而增加小米、薏米、燕麦、豆类等粗粮、杂粮的比例，这样既可以增加微量元素、矿物质和维生素的摄入，又可降低精制米面中的热量，符合现代人降低"三高"的饮食观；二是适当降低精制米面的加工精度，以最大限度地保持食物本身的营养价值。

精制米面口感好，但膳食纤维、B族维生素和矿物质的含量却远低于粗粮、杂粮。不同种类的"粗细粮搭配"，可以让机体合理地摄取各种营养素，避免营养过剩所产生的"现代富贵病"。需要注意的是，凡事过犹不及，长期、大量的以粗粮、杂粮为主食，也会导致营养不良，正确的做法是"粗细搭配，营养加倍"。

荤素搭配，膳食的酸碱平衡

本书所说的"荤"，不单单是指肉类，而是泛指动物性食物，包括肉、海鲜类、蛋和奶。"荤素搭配"本身就是膳食搭配的原则之一，清淡的素食作为植物性食物，自然也需要搭配动物性食物才能更有利于健康。

例如，谷类和牛奶搭配，可以提高蛋白质的吸收率，且牛奶中丰富的赖氨酸能够弥补谷类的氨基酸不足；西红柿搭配鸡蛋才能最大限度地发挥它们各自的营养价值；芹菜和肉的搭配才能相得益彰。"荤素搭配"除了营养丰富外，还可改善清淡饮食的口感，促进食欲，有利于长期食用。

需要注意的是，所谓清淡饮食，并不是忌荤，而是"荤"的做法要清淡。动物性食物虽然营养丰富，味道鲜美，但大多属于酸性食物，摄入过量会使血液pH值偏酸性，机体容易倦怠无力，因此不宜食用过多。吃荤的同时要配以大量的碱性蔬菜、水果，保证荤素搭配，酸碱平衡。

> 以清淡饮食为主，注意荤素合理搭配，是最科学的饮食准则。

膳食寒、热、温、凉四性的平衡

食物同中药一样，也有寒、热、温、凉四性之分。如绿豆性寒，清热止渴，因此人们夏天喜欢喝绿豆汤解暑；羊肉性热，补虚祛寒，老年人喜好冬季包羊肉饺子，或者涮羊肉；鸭子在水里游，寒气偏重，于是北京烤鸭应运而生，去寒而嫩香四溢。

上面的饮食观，就源于我们中医代代相传的"寒者热之，热者寒之，虚则补之，实则泻之"，这是中医的辨证食补原则。只有知道了食物的性味，我们才能根据中医原则来合理选择食物，这样的食补才能相宜，达到预期的效果。

我国的烹饪传统中，也十分重视食性的平衡，吃寒性的食物时必须搭配些热性食物，如螃蟹属寒性，生姜属热性，吃螃蟹时要佐以姜末等。流传至今的很多经典饮食搭配、烹饪方式，其宗旨也无外乎追求食物性味的和合，以成就舒适的口感，"气味和服之，以补精益气。"

什么样的人适合清淡饮食

我国的饮食文化誉满全球，然而因"吃"而导致的"现代文明病""富贵病"也开始增多。饮食也有很多学问，食可养人，也可伤人，"病从口入"，古人诚不欺我们。从历史和现实的生活经验中总结的清淡饮食原则几乎适合所有人群。

婴幼儿宜选择清淡饮食

婴幼儿是味蕾发育和口味偏爱形成的关键时期，让宝宝从小体会并享受各种食物的原味，对其一生健康都会产生深远影响。家长朋友千万不要自己觉得原味淡而无味就加大宝宝餐中的食盐、糖等作料的用量，避免孩子很小就喜欢浓厚的口味。

儿童宜选择清淡饮食

从营养学角度，清淡饮食最能体现食物的真味，最大限度地保存食物的营养成分。对于正在长身体的少年儿童来讲，清淡饮食是最好的选择。需要注意的是，发育期的儿童应适当增加奶类、瘦肉类的进食量，在充分保证饮食营养的基础上，饮食量不能过多，并坚持一定量的运动，有利于身体的健康成长。

需要减肥的男性或女性宜选择清淡饮食

随着物质生活水平的提高，"民以食为天"的国人开始在吃上大做文章，于是"大腹便便""水桶腰"开始出现在越来越多人的视线中，才有了现今减肥机构的流行市场。其实，减肥并没有那么麻烦，坚持低盐、低糖、低油、低脂和少辛辣的清淡饮食调整机体内部的脏腑清净通畅，体重自然而然就会降下来，而且还不伤害身体健康。

老年人宜选择清淡饮食

老年人的消化功能随着年龄的增长而减弱，重口味的饮食会加重消化器官和肾脏的负担，因此也应选择清淡饮食。老年人还应当饮食有节，切忌暴饮暴食。饮食宜软勿硬，冷热相宜。饮食速度宜慢勿快，饮食宜清淡。多吃水果还可助消化，防止便秘。

清淡饮食的益处和注意事项

养生专家和医生经常提到饮食宜清淡。那么，清淡饮食有哪些益处呢?

首先，清淡饮食可以降低身体负担。饮食习惯直接影响身体的负担大小，如果我们经常吃一些重口味食物的话，钠盐滞留体内过多，身体新陈代谢负担就大；如果饮食清淡，钠盐滞留体内较少，就可以有效减少身体负担。

其次，预防疾病。医学研究发现，清淡的饮食不仅是那些有高血压、糖尿病、心脏病的中老年人必须坚持的，健康人选择清淡饮食，更可以养生保健，预防疾病。

最后，延缓衰老。清淡饮食能最大化地保护人体器官功能，预防器官早衰及老化，从而有效地提高生命质量，延缓衰老。

清淡饮食是健康饮食的原则之一，但在实际生活中，我们应该根据季节和个人的具体情况来选择适合自己的饮食。一般来讲，我们可以参考《中国居民膳食指南》来安排自己的饮食，此清淡饮食适合6岁以上的人群。

1.以谷类为主，粗细搭配。

2.多吃水果蔬菜和薯类。

3.每天进食一定量的奶类、大豆或豆制品。

4.每周进食适量的蛋、鱼和瘦肉。

5.减少烹调用油的用量，吃清淡少盐的膳食。

6.食不过量，天天运动，保持健康体重。

7.三餐分配要合理，零食要适当。

8.每天足量饮水，合理选择饮品。

9.如饮酒，注意限量。

10.吃新鲜卫生的食物。

清淡饮食专家讲堂：清淡饮食的粗与精

清淡饮食是说口感上清淡，并非加工精细。越是加工过于精细的食物，营养素含量越少。比如小麦中的各种维生素大多都包含在小麦的糠麸层和胚芽中，过于精细的大米、面粉在碾磨精加工的过程后，谷皮、胚芽等很容易分离下来混合在糠麸中。

清淡饮食您吃对了吗

第三章

生活中的
清淡饮食都包括哪些

生活中的清淡饮食都有哪些？老祖宗很早之前就告诉我们了，诚如《黄帝内经·素问》中言："五谷为养、五果为助、五畜为益、五菜为充。"谷、果、菜均为植物性食物，也就是清淡食物，正是这种以粮食为主，辅以适量的肉食、豆制品、蔬菜、水果等杂食型的食物结构，体现了中国烹饪中养生思想的精华：清淡饮食。

大米

大米是稻谷经清理、砻谷、碾米、成品整理等工序制成的成品。大米中含碳水化合物75%左右，蛋白质7%～8%，脂肪1.3%～1.8%，并含有丰富的B族维生素等。然而各种营养素的单位含量不是很高，但因其食用量大，营养功效高，被誉为"五谷之首"。

这样吃清淡又营养

全世界有一半以上的人口以大米为主食，大米是名副其实的"主食之首"。在所有的主食中，大米无疑是清淡的，但又营养丰富。

✓ **大米粥** "晨起食粥可生津液"。大米粥容易消化，可以减轻胃肠消化负担，特别适合消化功能不好的胃肠道疾病患者，并可在一定程度上缓解皮肤干燥等不适。

✓ **蒸米饭** 营养保存较好。

✗ **捞饭** 捞饭会损失较多的蛋白质和维生素，使米饭的营养价值降低。

宜忌人群

宜 一般人群均可食用。尤其适合肠胃功能较弱、容易口渴烦热者。因为大米入脾、胃、肺经，具有补中益气、滋阴润肺、健脾和胃、除烦渴的作用。

忌 糖尿病、脚气患者不宜多食。

清淡一族推荐佳肴
大米南瓜粥

材料：南瓜50克，大米50克。

做法：

1.大米洗净；南瓜去皮，去籽，切成小丁。

2.锅置火上，加入适量清水煮沸，放入大米，大火烧开后，转小火熬半个小时。

3.把南瓜丁放入大米粥中，继续煮至南瓜丁变软即可。

厨房小妙招

熬大米粥，要一次加足水，尽量不要中途加水，这样熬出的粥才又浓又香。大米淘洗次数以1～2次为宜，不能太多，以免营养物质流失。

蒸米饭

材料：大米150克，水适量。

做法：

1.大米淘洗干净，倒入电饭煲中。

2.加入适量清水，大米和清水的比例为1：1.5。

3.按"煮饭"键，大约20分钟，电饭煲蒸好米饭后自动跳至"保温"键即可。

清淡饮食 您吃对了吗

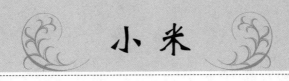

小米

小米又称粟米，是北方人喜爱的主要粮食之一。小米的营养价值很高，含有丰富的蛋白质、碳水化合物和多种维生素、矿物质，尤其是磷、钾、镁等含量很高，但脂肪含量很少，100克小米中仅含有3克左右的脂肪，是名副其实的清淡主食。

这样吃清淡又营养

小米虽然属于清淡饮食，但滋补功效得天独厚，在北方地区，许多女性在生育后都有用小米加红糖来调养身体的传统，有"代参汤"之美称。

✓ **煮粥、蒸饭** 可单独煮粥或蒸饭，也可添加绿豆、花生、红枣、山药、南瓜、红薯、莲子、百合等，煮成风味各异的营养粥或饭。但淘洗小米时不要用手搓，也不要长时间浸泡或用热水淘，否则会使小米外层的营养素流失。

✓ **磨粉** 可单独或与其他面粉掺和制做成饼、窝头、发糕等，美味可口。

✗ **加碱煮粥** 碱能破坏小米中的维生素B_1，降低小米的营养价值。

宜忌人群

宜 一般人群均可食用。尤其适宜老人、产妇、病后体虚者及反胃呕吐、腹泻的病人食用。

忌 气滞者忌食；虚寒体质、小便清长者少食。

清淡一族推荐佳肴

花生小米粥

材料：花生仁30克，小米100克。

做法：

1.花生仁洗净，用清水浸泡3小时；小米淘洗干净。

2.锅置火上，加适量清水煮沸，把小米、花生仁一同放入锅内，用大火煮沸，转小火继续熬煮至黏稠。

> **厨房小妙招**
> 花生仁不易煮烂，先用水泡涨，可省时省火；小米要在水完全煮沸后再放入，这样煮粥的时间会短一些，而且不会糊锅底。

小米红枣粥

材料：小米100克，红枣30克，红豆15克。

做法：

1.红豆洗净泡涨；红枣洗净泡涨、去核；小米淘洗干净。

2.锅置火上，将红豆加水煮至半熟，再放入小米、红枣，煮至米粒熟烂，用红糖调味。

清淡饮食您吃对了吗

糯米

糯米是糯稻脱壳的米，南方人称为糯米，北方人则多称为江米，是制作粽子、汤圆、八宝粥等黏性小吃的主要原料。糯米性温味甘，归脾、胃、肺经。糯米是所有谷物中碳水化合物含量最高的，能迅速为人体提供大量的热量，补充体力，具有补中益气、健脾养胃等功效。

这样吃清淡又营养

糯米米质呈蜡白色，不透明或半透明状，黏性大，较难消化吸收。因此，肠胃功能不好的患者、老人、小孩应慎食。糯米口感软滑，但营养不够全面，比如维生素和蛋白质的含量均不高，含钙量较高却不易被人体吸收。因此宜同其他食物搭配食用，如豆类、肉类、干果等。

✓ **煮粥** 建议与百合、红豆、红枣等共煮，熬成风味各异的营养粥。

✓ **制作黏性小吃** 香糯黏滑，可制成年糕、元宵、火烧、粽子等风味小吃。

宜忌人群

宜 一般人群均可食用。尤其适合体虚、多汗、盗汗及神经衰弱者。

忌 老人、小孩、消化功能弱者不宜多食，不宜凉食。

清淡一族推荐佳肴

枸杞糯米粥

材料：糯米50克，枸杞20克。

做法：分别将糯米、枸杞淘洗干净，常法煮粥。

厨房小妙招

糯米需存放在密闭、阴凉、干燥、通风的地方。夏季要低温密封放入冰箱冷藏室。

糯米百合粥

材料：糯米300克，鲜百合90克，红糖少许。

做法：

1.将鲜百合去除残片，剥下片叶，洗净；糯米淘洗净，浸泡2小时。

2.锅置火上，加适量清水煮沸，把糯米、百合一同放入锅内，用大火煮沸，转小火继续熬煮至米烂黏稠，加红糖调味即可。

功效：补中益气、健胃养脾、宁心安神。对胃痛、心烦、失眠等症有较好的食疗作用。

厨房小妙招

如果用干百合，则应先用水浸软后再入锅煮，这样可使营养释放得更充分。

紫米

紫米属于糯米类，是较珍贵的水稻品种，含有赖氨酸、色氨酸、维生素B$_1$、维生素B$_2$、叶酸、蛋白质、脂肪、矿物质等多种营养物质。紫米颗粒均匀，颜色紫黑，熬制的米粥软糯可口，甜而不腻，有很好的滋补作用，在民间被誉为补血米、长寿米、"药谷"等。

这样吃清淡又营养

紫米质地细腻，紫色素溶于水，熬成的粥晶莹、透亮，而且，紫米中的膳食纤维具有降低血液中胆固醇含量、预防动脉粥样硬化的功效，是一种天然的清淡保健佳品。

☑ **煮粥** 紫米颗粒较硬，可用高压锅蒸煮，也可以提前浸泡几个小时再煮，效果较佳。单煮或混合大米、糯米煮粥均可，也可以根据个人喜好加入适量黑豆、花生、红枣等，风味甚佳。

☑ **煮饭** 虽然颗粒较硬，但紫米饭的营养价值很高，而且香气扑鼻，口感极佳。煮饭时，可以将紫米提前浸泡4～5个小时或一夜，与大米一起搭配蒸或煮。

宜忌人群

宜 一般人群均可食用。特别适合脾胃虚弱、体虚乏力、贫血失血、女性产后虚弱者食用。

忌 无。

清淡一族推荐佳肴

紫米核桃糊

材料：紫米30克，大米20克，核桃仁2颗。

做法：

1. 紫米、大米和核桃仁洗净，备用。

2. 将所有材料放入豆浆机中，加适量的清水，按豆浆机"米糊"健。

3. 大约20分钟后，豆浆机停止运转，米糊即成。

厨房小妙招

紫米富含纯天然营养色素和色氨酸，浸泡后的水不要倒掉，宜同紫米一起蒸煮食用，营养价值更高。

紫米黑芝麻粥

材料：紫米100克，黑芝麻30克，红枣10枚。

做法：

1. 紫米洗净，用清水浸泡一夜；黑芝麻洗净，炒熟，碾碎；红枣洗净，泡发，去核。

2. 锅置火上，将泡好的紫米及泡米水一起倒入锅中，若水不够可再加入一些，用中火煮沸后转小火，放入红枣，继续煮1小时，直至米烂粥稠。

3. 再放入黑芝麻碎，继续煮5分钟即可。

薏米

薏米又名薏苡仁、薏仁米，被称为"世界禾本科植物之王"。中医认为，薏米味甘淡，性凉，归脾、胃、肺经，具有利水、健脾、除痹、清热排脓的功效。薏米营养价值很高，除了富含蛋白质、脂肪、维生素，薏米中还含有具有一定抗癌、防癌作用的薏苡仁酯、亚油酸等物质，能有效抑制癌细胞的增殖，可用于胃癌、子宫颈癌的辅助食疗，因此又被列为防癌食品。健康者常吃薏米，也可减少肿瘤的发病率。

这样吃清淡又营养

薏米作为我国古老的药食皆佳的粮种之一，具有容易被消化吸收的特点，不论用于滋补还是用于医疗，作用都很温和，是极佳的清淡营养食品。

☑ **煮粥** 可单独煮粥，也可与百合、山药、雪梨、大米、红枣等共同煮粥。

☑ **煲汤** 与冬瓜、白果、玉米须等煲汤，清热祛湿效果好。

宜忌人群

宜 对老人、产妇、儿童、久病体虚者都是比较好的药食两用的食物，可经常食用。

忌 便秘、脾胃虚寒、遗精遗尿患者及孕妇都应忌食。

清淡一族推荐佳肴
薏米粥

材料：薏米30克，大米50克。

做法：

1.将薏米淘洗干净，泡软；大米淘洗干净。

2.锅置火上，加入适量清水煮沸，放入大米和泡软的薏米共同煮粥，煮至米烂粥稠即可。

薏米山药粥

材料：大米50克，薏米30克，鲜山药25克，红枣6枚。

做法：

1.薏米淘洗干净，泡软；大米淘洗干净；山药去皮，洗净，切小丁；红枣洗净。

2.锅置火上，加入足量清水煮沸，放入薏米和红枣，用大火烧开，转小火煮15分钟，放入大米、山药丁煮至米粒熟烂即可。

厨房小妙招
淘洗薏米时，先用冷水轻轻淘洗，不要用力搓洗，再用冷水浸泡一会儿。泡米的水要与米同煮，可以更完整地保留其营养价值。

黑米

黑米属于糯米类，是稻米中的珍贵品种，是一种药食同源的食物，营养价值比一般白米高，含有人体必需的8种氨基酸。黑米中锰、锌、铜等矿物质的含量也远远高于大米，更含有大米所缺乏的维生素C、叶绿素、花青素、胡萝卜素等成分。

黑米的色素中还富含黄酮类活性物质，对预防动脉粥样硬化有一定的效果。黑米中含膳食纤维也较多，淀粉消化速度比较慢，血糖生成指数较低，对控制血糖有益，属于低脂低糖的清淡食物。

这样吃清淡又营养

用黑米熬制的米粥清香油亮，软糯适口，因其含有丰富的营养，具有很好的滋补作用，因此被人们称为"补血米""长寿米"，我们民间就有"逢黑必补"之说。

✓ **煮粥**　口感较粗的黑米不能像精加工的大米那样可以直接食用，适合用来煮粥。黑米的口感较粗硬，可以搭配大米一起食用。大米同黑米的推荐比例为3∶1。

✓ **二次加工**　黑米还可以做成点心、汤圆、粽子、面包等。

宜忌人群

宜　一般人群均可食用。特别适合贫血者、少白头者及产后女性。

忌　消化不良者、病后消化功能未恢复者。

清淡一族推荐佳肴

黑米枸杞豆浆

材料：黑米30克，枸杞10克，冰糖少许。

做法：

1.黑米洗净，提前浸泡一夜；枸杞洗净。

2.黑米和枸杞一起放入豆浆机中，加入适量水，盖上盖子，选择五谷豆浆按键。

3.约25分钟后，豆浆机停止转动，加入适量冰糖调味即成。

三黑粥

材料：黑米50克，黑豆20克，黑芝麻15克，核桃仁15克，红糖少许。

做法：

1.黑豆、黑米提前洗净，浸泡2个小时左右。

2.锅内烧开水，放入以上材料共同熬粥，加红糖调味即成。

功效：常食能乌发润肤美容、补脑益智，还能补血。适合须发早白、头昏目眩及贫血患者食用。

高粱米

高粱脱壳后即为高粱米，俗称蜀黍，是我国的传统五谷之一。高粱米中主要含有碳水化合物、粗蛋白质、粗纤维、B族维生素和钙、磷、铁等微量元素，但是赖氨酸含量很低，且蛋白质质量较差。烟酸含量虽然不如玉米多，但却能为人体所吸收，有利于防治"癞皮病"。

这样吃清淡又营养

高粱米具有健脾益中、止吐泻、利小便、补气清胃的功效，可作为脾胃虚弱患者的辅助食物。高粱米属于偏热性食物，寒性体质的人不妨多食。

☑ **磨粉** 高粱米的口感不是很好，可以磨成粉，做主食时加一些。

☑ **酿酒** 高粱酿制的高粱酒有舒筋活血的功效，老年人可以把高粱酒作为保健酒每日饮1小杯，烹饪菜肴时也可用高粱酒代替料酒。

宜忌人群

宜 一般人群均可食用，尤其适合脾胃气虚、大便溏薄之人。

忌 大便燥结、便秘患者忌食或少食。

清淡一族推荐佳肴

三米粥

材料：高粱米、大米、小米各30克，蜂蜜适量。

做法：

1.高粱米提前浸泡2~3个小时，大米、小米淘洗干净。

2.锅内烧适量清水，水开后加入三米煮粥，粥熟后晾至常温，加入适量蜂蜜即可食用。

功效：高粱米可涩肠止泻、通利小便，大小米甘温益气补中，适合脾虚泄泻者常食。

厨房小妙招

高粱米在夏季或者暖气足的屋子，容易生虫或霉变，保存时可将高粱米放在带盖的小坛子内，置于通风干燥处即可。

高粱米糕

材料：高粱米600克，红豆沙300克，白砂糖少许。

做法：

1.将高粱米洗净，倒入适量清水，放入笼内蒸熟，备用。

2.取2个瓷盘，取一半高粱米放入盘内铺平，用手压成2~3厘米厚的片，剩下的高粱米放入另一个盘内压好。

3.将压好的高粱米扣在案板上，用刀抹平，再铺上厚薄均匀的豆沙馅，然后将另一半高粱米扣在豆沙馅上，再用刀抹平，食用时用刀切成菱形块，放入盘内，撒上糖，即可食用。

清淡饮食 您吃对了吗

糙米

糙米是稻谷脱去外保护层稻壳后的颖果，内保护层（果皮、种皮、珠心层）完好的稻米籽粒。与大米相比，糙米保留了部分米糠和胚芽，正是这部分米糠和胚芽使糙米的维生素、矿物质与膳食纤维的含量更丰富。糙米是名副其实的粗粮，被视为一种绿色的健康食品，是清淡饮食的典型代表。

这样吃清淡又营养

糙米作为清淡食谱中的佼佼者，营养价值虽高，但口感粗糙涩滞，如果可以和其他食物搭配食用，改善口感，营养更全面。糙米每日的推荐食用量为50克左右。

✓ **与枸杞同食** 可以补肾养阴、益血明目。

✓ **与荠菜同食** 可以健脾补虚、明目、止血、利尿。

宜忌人群

宜 适用于便秘、超重、减肥者、糖尿病患者。

忌 胃肠消化不好的人慎食。

清淡一族推荐佳肴

虾仁糙米粥

材料：糙米150克，鲜虾仁100克，芹菜50克，盐、香油各少许。

做法：

1.糙米洗净，提前浸泡1～2个小时；芹菜洗净切末；鲜虾仁剥皮，去虾线，洗净。

2.锅内加入适量清水，煮开后先下入糙米，大火烧开后转小火煮粥，快熟后下入虾仁、芹菜末。再续煮15分钟，调入盐和香油即成。

三米美容饮

材料：糙米、小米、黑米各30克，蜂蜜适量。

做法：

1.糙米、黑米提前用清水浸泡1～2个小时，备用。

2.三种米分别淘洗干净，锅置火上，烧开后加入三种米，大火煮开后转为小火，大约煮20分钟关火。

3.取米汤，待温（40℃左右）后调入蜂蜜即可。

厨房小妙招

糙米的质地比较粗硬，煮起来比较费事，最好用清水浸泡1～2个小时再煮。或者将糙米洗净后用清水浸泡一夜，第二天直接煮饭，糙米更容易软烂。

小麦

小麦是世界各地最广泛种植的禾木科植物，其颖果是人类的主食之一。味甘性凉。小麦的主要成分是碳水化合物、脂肪、蛋白质、粗纤维、钙、磷、钾、维生素B_1、维生素B_2及烟酸等成分，还有一种尿囊素的成分。此外，小麦胚芽里还富含食物纤维和维生素E，以及少量的精氨酸、淀粉酶、谷甾醇、卵磷脂和蛋白分解酶。

这样吃清淡又营养

小麦很少直接食用，通常是经过加工后，成为我们日常生活最常见的清淡主食。

☑ **磨粉**　磨成面粉是小麦最主要的加工方式，可以用来制作馒头、面包、面条、饼干等主食。

☑ **酿酒、酿醋**　常言道"酒是粮食精"，说的就是小麦。小麦发酵后可酿制成啤酒、白酒、伏特加等。还可以用来酿制成醋、酱油，制作成味精、鸡精等。

宜忌人群

宜　所有人群，尤其适合盗汗、多汗、心悸、失眠者。

忌　无。

清淡一族推荐佳肴
玉米小麦豆浆

材料：玉米1根，黄豆50克，小麦30克，冰糖少许。

做法：

1.玉米洗干净，剥粒；黄豆洗干净，提前一个晚上泡好；小麦洗干净，泡2小时。

2.把泡好的材料用清水冲洗一下，和玉米粒一起放入豆浆机中，加适量清水，按"五谷豆浆"键。

3.约25分钟后，豆浆机停止转动，加入冰糖调味即成。

小麦苏打小饼

材料：小麦粉450克，牛奶250克，玉米油20克，酵母、小苏打各5克，盐少许。

做法：

1.将小麦粉、酵母、小苏打混合，慢慢倒入牛奶，用筷子搅动均匀，和成面团，盖上湿布，静置30分钟。

2.抓起饧好的面团揉成团，擀成大片，用叉子戳几个小洞，用模具压出小饼。

3.烤盘铺油纸，放入小饼，预热180℃，上下火，开启"旋风"按钮，放中上层，烤10分钟至表面上色即可。

大麦

大麦与小麦的营养成分近似，但纤维素含量略高。因为大麦含谷蛋白（一种有弹性的蛋白质）量少，所以不能做多孔面包，可做不发酵食物，比如大麦粉可做成麦片粥。大麦具有"三高二低"的特点，即高蛋白质、高膳食纤维、高维生素、低脂肪、低糖，因此是一种理想的保健食品。

这样吃清淡又营养

☑ **磨粉**　大麦磨成粗粉粒称为大麦糁子，可制作粥、饭。大麦粉经烘炒深加工可制成糌粑，是西藏人民的主要食物。

☑ **酿制啤酒**　我国的大麦主要用来酿制啤酒。

☑ **麦片粥**　大麦制作麦片，做麦片粥或掺入一部分糯米粉做麦片糕。

☑ **大麦茶**　大麦茶是朝鲜族人民喜欢的饮料。

宜忌人群

宜　特别适合胃气虚弱、消化不良者。

忌　大麦芽可回乳，孕妇和哺乳期女性不宜吃。

清淡一族推荐佳肴

大麦玉米南瓜粥

材料：大米、大麦各50克，鲜甜玉米粒150克，南瓜100克。

做法：

1.南瓜去皮瓤，切块备用。大米、大麦、玉米粒洗净备用。

2.先取100克鲜玉米粒，切碎，入锅中加适量清水煮成黄色的汤汁。加入大米和大麦，再加入适量水和剩余的50克玉米粒，继续煮粥。

3.待粥变软烂后加入南瓜块再煮10分钟，至南瓜煮熟即成。

大麦豇豆粥

材料：大麦150克，豇豆50克，红糖少许。

做法：

1.大麦洗净；豇豆洗净用清水浸泡，洗净切段。

2.锅内加适量清水，烧开后下入大麦、豇豆，煮沸后转小火慢慢熬煮，粥将熟时加入红糖搅拌均匀即成。

厨房小妙招

生豇豆中含有溶血素和毒蛋白两种对人体有害的物质，食用生豇豆或未炒熟的豇豆容易引起中毒，因此豇豆一定要烹熟煮透再吃。

清淡饮食　您吃对了吗

燕麦

燕麦是一种古老的粗粮，是谷类中的全价营养食品之一。性味甘平，富含膳食纤维，可降血脂、润肠通便，是一种低糖、低脂、高营养的清淡类食品。燕麦能有效降低人体内胆固醇水平，增加肌肤活性，有"植物黄金""天然美容师"的美誉，宜作为中老年人和爱美女性的常用主食之一。

这样吃清淡又营养

✓ **煮粥** 燕麦可以单独煮粥，也可以与大米、小米、薏米一起煮粥。对于现在常常处于紧张状态的上班族来说，燕麦粥是一种兼顾营养又不至于发胖的清淡粥饮。

✓ **蒸饭** 燕麦片可以和大米一起蒸米饭，对老年人的身体健康非常有益。

✗ **忌多食** 燕麦虽好，吃多了可导致胃疼和胀气，因此每日的推荐量为40克，不宜一次食用太多。

宜忌人群

宜 一般人群均可食用，尤其适合中老年人、习惯性便秘者、"三高"患者以及想要减肥的女性朋友。

忌 肠道敏感的人慎食。

清淡一族推荐佳肴

紫薯燕麦粥

材料：紫薯1个，燕麦小半碗（紫薯和燕麦比例约2：1）。

做法：

1.紫薯先切厚片，再切条，最后切小丁。

2.紫薯丁加水两碗先煮软，然后加入燕麦煮滚5分钟即可。

小米燕麦粥

材料：小米50克，即食燕麦片30克，榨菜丁少许。

做法：

1.小米洗净，锅内加入适量清水，烧开后下入小米，再烧开后转小火煮至粥稠。

2.将即食燕麦片下入锅中，搅拌均匀，再煮5分钟，撒上榨菜丁即成。

厨房小妙招

燕麦分为天然燕麦和即食燕麦两种，前者属于清淡饮食，后者含有反式脂肪酸，不宜大量食用。购买燕麦时，最简单辨认二者区别的就是看服用方法，可直接冲服的是即时燕麦，需要煮的为天然燕麦。

荞麦

荞麦有甜荞麦和苦荞麦两种，一般我们在超市买到的都是甜荞麦。荞麦的蛋白质含量高，荞麦粉含有18种氨基酸，氨基酸的组成与豆类作物相似。其脂肪含量远远高于大米、面粉，其中油酸和亚油酸含量最多。荞麦中铁、锰、锌等微量元素含量比一般谷物丰富，且富含膳食纤维，对改善便秘和控制血糖有益，也是现代文明病患者的常见清淡食物之一。

这样吃清淡又营养

✓ **煮粥** 荞麦口感较粗糙，口味比较苦，最好不要单独食用，与大米搭配，可中和口感。更重要的是荞麦中赖氨酸含量较低，而大米中赖氨酸含量较高，二者搭配可实现营养互补。

✓ **磨粉** 可制成面条、烙饼、面包、糕点、凉粉和灌肠等风味食品。

✗ **忌多食** 荞麦一次不可食用太多，否则易造成消化不良。

宜忌人群

宜 一般人群都可食用，糖尿病、高血压、高脂血症、脂肪肝患者可常吃。

忌 脾胃虚寒者不宜多食。

清淡一族推荐佳肴

荞麦薄饼

材料：低筋面粉50克，甜荞麦粉100克，牛奶220毫升，植物油、盐少量。

做法：

1.低筋面粉过筛后同荞麦粉一起混匀，倒入牛奶，用勺子搅拌成糊状。

2.平底锅放少许植物油，油热后舀两大勺面糊放入平底锅，将面糊摊成圆饼状，双面煎熟即成。

荞麦鸡丝粥

材料：荞麦面100克，青椒、红椒、黄椒各半个，鸡肉丝适量，芝麻酱、盐、白糖、醋、香油、辣椒油、花椒油、蒜末、海鲜酱油各少许。

做法：

1.将青椒、红椒、黄椒洗净，切成大小一致的细丝。

2.将荞麦面煮好，盛入大碗内，然后倒些少许花椒油拌匀，撒上三种椒丝和鸡肉丝，放到通风处备用。

3.准备一小碗，用清水拌好芝麻酱，然后加入海鲜酱油、醋、蒜末、辣椒油、花椒油、香油、盐、白糖等调料搅匀。

4.最后将调好的麻酱汁浇淋在荞麦面上就可以吃了。

清淡饮食 您吃对了吗

玉 米

玉米，别名玉蜀黍、棒子、玉茭等，性平味甘，归脾、胃、膀胱经。新鲜的玉米中淀粉和脂肪酸的含量较高，吃起来味道很好。脂肪酸中必需脂肪酸（亚油酸）占50%以上，经常食用能降低血清胆固醇，对预防高血压和冠心病有一定效果。

▤ 这样吃清淡又营养

☑ **榨成玉米油**　炒菜的玉米油是从玉米胚芽中榨取的，气味清香，较动物油清淡，营养成分很容易被人体所吸收利用。

☑ **鲜玉米**　煮、蒸。注意吃的时候，把胚芽全部吃掉，保全营养。

☑ **玉米面**　可做成玉米糁、玉米粥、窝头、玉米饼。

▤ 宜忌人群

宜　适合便秘、消化不良、高血压、高脂血症、糖尿病及动脉硬化者。对癌症患者也有一定帮助。

忌　胃闷胀气、尿失禁患者要少食用。

▤ 清淡一族推荐佳肴

玉米排骨汤

材料：玉米2根，猪肋排250克，葱、姜各5克，盐、料酒各少许。

做法：

1.将排骨剁成块状，长短随意；玉米去皮、去须，切成小段；葱切段，姜切片。

2.砂锅内放水，将排骨放入锅内，葱段、姜片一起放入锅中，倒入料酒，待砂锅内水开有血沫浮上来后将血沫去掉，再放入玉米，一同煲制。

3.煲熟后去掉葱及姜片，加入盐调味即可。

松仁玉米

材料：甜玉米粒200克，松子仁30克，青豆30克，胡萝卜40克，甜椒1个，小葱、植物油、盐各少许。

做法：

1.将甜椒、胡萝卜、小葱全部洗净，切成玉米粒大小的丁；松子仁过油，炸酥，沥油。

2.炒锅放油并烧温热，下葱花，煸出香味后加胡萝卜丁、甜椒丁，翻炒几下，就可以加入甜玉米粒翻炒，炒熟加盐调味，再倒入预备好的松子仁炒匀即可装盘出锅。

厨房小妙招

松子仁一定要起锅时再加入，才能保持酥脆口感。

清淡饮食 您吃对了吗

黄豆

黄豆又名大豆，不仅味美，而且有很高的营养价值，每百克黄豆含蛋白质35.1克，有"植物肉"之誉。此外，黄豆加工后的各种豆制品，不仅含有多种人体必需的氨基酸，还能提高蛋白质的消化利用率，为理想的补益食疗之品。

■ 这样吃清淡又营养

黄豆蛋白质中必需氨基酸较全，可以提高人体免疫力，尤其适宜与谷类食物同食，可起到营养互补的作用。黄豆中的卵磷脂可防止肝脏内积存过多的脂肪，皂甙有明显的降血脂作用，而植物固醇则可以减少胆固醇的吸收，是真正的清淡营养佳品。

✓ **熟食** 干黄豆泡发后，可打豆浆、煮粥、煲汤或制作菜肴、糕点。但需注意，黄豆不宜食用过多，以免妨碍消化而致腹胀。

✓ **豆制品** 黄豆可加工成多种豆制品，如豆腐、豆浆、腐竹、豆芽、豆粉等。

✗ **豆瓣酱、豆豉、纳豆等咸味品** 这些吃法易使人摄入过多的盐，故不宜采用。

■ 宜忌人群

宜 一般人群均可食用。尤其适宜气血不足、营养不良、动脉硬化、冠心病、脂肪肝、糖尿病、肥胖、癌症患者及儿童、老年人、脑力工作者、更年期女性食用。

忌 消化功能不良、胃脘胀痛、腹胀等患者少食；严重肝病、肾病、痛风、消化性溃疡、低碘者忌食。

■ 清淡一族推荐佳肴

小米黄豆粥

材料：黄豆50克，小米100克。

做法：

1.干黄豆洗净，用清水泡发。

2.小米淘洗干净，与黄豆一起放入锅中，加入清水煮成粥即可。

双椒拌黄豆

材料：黄豆100克，青椒、红椒各1个，盐、花椒油、橄榄油、生抽各少许。

做法：

1.干黄豆洗净，用清水泡发，煮熟，捞出过凉备用。

2.青、红椒分别洗净，切成同黄豆大小的小丁，与黄豆一同放入一个大碗里，放入盐、花椒油、橄榄油、生抽，拌匀即可。

清淡饮食 您吃对了吗

绿豆

绿豆又名青小豆，味甘，性凉，具有清热解毒、降脂护肝等作用。绿豆中含有蛋白质、脂肪、碳水化合物、维生素B$_1$、维生素B$_2$、胡萝卜素及钙、磷、铁等营养素，营养和药用价值都很高，因而享有"食中佳品，济世长谷"的美誉。绿豆汤是夏季家庭常备清暑饮料，清暑开胃，老少皆宜。

这样吃清淡又营养

绿豆中脂肪含量较低，且主要是软脂酸、亚油酸、亚麻酸等不饱和脂肪酸，绿豆中还含有一种球蛋白和多糖，这些物质都能促进体内胆固醇的分解，减少小肠对胆固醇的吸收，是药食两用的清淡食物。

☑ **煮粥、煲汤、蒸饭** 绿豆可与大米、薏米、红豆、燕麦、红枣等搭配食用。

☑ **绿豆芽** 绿豆可以生成绿豆芽，炒、炖、做汤、做馅等均可。

☑ **绿豆制品** 如绿豆糕、绿豆饼、绿豆沙、绿豆粉、绿豆粉皮等，其中绿豆粉可煮粥或做点心，绿豆粉皮可凉拌、炒、炖等。

☒ **未煮烂的绿豆** 绿豆一定要煮熟再食用，未煮烂的绿豆腥味强烈，食后易恶心、呕吐。

宜忌人群

宜 一般人群均可食用。尤其适宜暑热天气或中暑时烦燥闷乱、咽干口渴时食用；有疮疖痈肿、丹毒等热毒所致的皮肤感染，三高、肥胖、水肿、眼病、荨麻疹等患者及中毒者也宜食用。

忌 平素脾胃虚弱、胃寒、腹泻及正在服用温补药者忌食。

清淡一族推荐佳肴

海带绿豆粥

材料：绿豆30克，水发海带50克，大米100克。

做法：

1.水发海带洗净，切碎；绿豆洗净，用清水浸泡4小时。

2.大米淘洗干净，与泡好的绿豆共同煮粥，将熟时放入海带碎，继续煮15分钟即可。

绿豆红枣汤

材料：绿豆150克，红枣10枚，红糖少许。

做法：

1.红枣洗净，备用。

2.绿豆洗净，用清水浸泡4小时，然后放入锅中，加水煮至八成熟，再放入红枣，继续煮至豆、枣熟透，放入红糖搅匀即可。

红豆

红豆，又称赤小豆、红小豆等，可作粮食和副食品。中医认为，红豆性平，味甘、酸，具有利水除湿、消肿解毒的功效。红豆营养丰富，含有蛋白质、脂肪、糖类、磷、钙、铁及维生素B_1、维生素B_2、烟酸、皂甙等成分，另外，红豆富含叶酸，是孕妇、产妇、乳母的清淡补养佳品。

这样吃清淡又营养

红豆有一种独特的味道，脂肪含量低，膳食纤维含量高，利水效果非常好，用红豆减肥绝对安全无副作用，并且适合各个年龄段的人群。但红豆质地坚硬，不易破碎，制作前需用水泡发，红豆皮中含有花青素，所以泡红豆的水不要倒掉，应一起蒸煮。

✅ **熟食** 红豆泡发后可用来做豆浆、煮粥、煲汤、蒸饭，如与鲤鱼、小米、红枣、龙眼、莲子等搭配，既营养又美味。

✅ **红豆制品** 如红豆糕、红豆沙、红豆饼、红豆粉等，其中红豆粉可煮粥或做点心，红豆沙可做成点心的馅料。

宜忌人群

宜 一般人群均可食用。尤其适宜水肿、腹水、肥胖、高血压、高脂血症、动脉硬化、便秘、饮酒过度、宿醉者及孕妇、产妇、乳母食用。

忌 尿多、尿频者少食。

清淡一族推荐佳肴

龙眼二红汤

材料：红豆50克，红枣5颗，龙眼肉10克。

做法：

1.将红豆、红枣分别洗净，一起放入清水中浸泡2小时。

2.锅内加入适量清水，放入泡好的红豆、红枣和龙眼肉，大火煮开后，转小火熬煮至红豆熟透即可。

小米红豆粥

材料：红豆50克，小米100克。

做法：

1.小米淘洗干净，备用。

2.红豆洗净，放入清水中浸泡4小时，然后连水带豆倒入锅中，大火煮开后，转小火煮至豆软，再放入小米，继续熬煮至米、豆熟烂即可。

功效：安心宁神，滋养神经，最适宜精神压力大、神经衰弱的人食用。

黑 豆

黑豆又名黑大豆，与黄豆同属大豆类。黑豆性平，味甘，具有补脾、利水、解毒的功效。黑豆营养丰富，含有蛋白质、脂肪、维生素、微量元素等成分，同时还含有黑豆色素、黑豆多糖和异黄酮等多种生物活性物质，是一种物美价廉、药食同源的营养保健食品。

这样吃清淡又营养

黑豆具有高蛋白、低热量的特性，脂肪多为亚油酸等不饱和脂肪酸，再加上异黄酮、卵磷脂和丰富的膳食纤维，使其具有显著的降低胆固醇和血脂的作用，深受人们的喜爱。

✅ **做粮食** 黑豆煮熟后可做粮食食用，也可磨成黑豆粉，单独做面食或与其他面粉混合加工成各种面食或点心。

✅ **入菜、打豆浆、煲汤、炖煮或生成芽菜** 可与牛肉、山楂、枸杞、花生、薏米、莲子等搭配制作各种营养美味的佳肴。

❌ **制酱、制豉等** 这些方法容易使人摄入过多的盐分，故不宜采用。

宜忌人群

宜 一般人群均可食用。尤其适宜脾虚水肿、脚气水肿、体虚者及小儿盗汗、自汗、热病后出虚汗者食用；也适宜便秘、动脉硬化、骨质疏松、高血压、妊娠腰痛或腰膝酸软、白带频多、产后中风、四肢麻痹、乳腺癌、前列腺癌和结肠癌等患者食用。

忌 儿童、肠胃功能不良者慎食。

清淡一族推荐佳肴

五谷黑豆汁

材料：黑豆40克，花生、莲子、薏米各15克，核桃仁20克。

做法：

1.黑豆洗净，放入清水中浸泡一夜；花生、莲子、薏米分别洗净，浸泡至软。

2.将所有材料一起放入豆浆机中，打成汁即可。

黑豆牛肉汤

材料：黑豆60克，红枣10枚，牛肉300克，葱姜丝、花椒各适量，盐、生抽各少许。

做法：

1.牛肉洗净，切小块；黑豆洗净，放入清水中浸泡1小时，然后与牛肉、红枣一起放入锅中，加水，大火煮沸，撇去浮沫。

2.放入葱姜丝、花椒，转小火慢炖2小时，直至黑豆、牛肉熟烂，加入盐、生抽调味即可。

清淡饮食 您吃对了吗

豇豆

豇豆，又称角豆、姜豆、带豆等，味甘、性平，具有健脾开胃、利尿除湿的作用。豇豆中含有植物蛋白质、维生素A、维生素B_1、维生素B_2、维生素C、烟酸、叶酸及磷、钙、铁、钾等多种矿物质，有很高的营养价值。

这样吃清淡又营养

豇豆中所含B族维生素能维持正常的消化腺分泌和胃肠道蠕动的功能，抑制胆碱酶活性，可帮助消化，增进食欲；豇豆的磷脂有促进胰岛素分泌，参与糖代谢的作用，是糖尿病人群的理想清淡食品。

✓ **凉拌、炒食、煲汤、煮粥、做馅**
豇豆焯熟后可凉拌，也可与青椒、竹笋、茄子、香菇、猪肉、牛肉等搭配食用。

✗ **腌制酸辣豆角** 这种吃法会使人摄入过多的盐分和辣椒，故不宜食用。

✗ **生食** 豇豆要烹熟煮透食用，生豆角或不熟豆角易导致腹泻、中毒。

宜忌人群

宜 一般人群均可食用。尤其适宜糖尿病、肾虚、尿频、遗精患者及妇女白带过多者食用。

忌 气滞便结者慎食。

清淡一族推荐佳肴

凉拌豇豆

材料：豇豆300克，芝麻酱1大匙，蒜泥、盐各少许。

做法：

1.将豇豆洗净，去掉两头，切成寸段，放入开水中汆烫熟，捞出沥干水分装盘。

2.麻酱用凉开水稀释，加盐搅拌均匀，倒在豇豆上，再放上蒜泥，拌匀后即可。

> **厨房小妙招**
> 豇豆汆烫时间不宜过长，以免造成营养损失。

豇豆炒肉

材料：豇豆250克，里脊肉50克，鸡蛋1个，葱姜丝、花椒粉、植物油、生抽、盐、淀粉各少许。

做法：

1.豇豆洗净，切寸段，焯水，捞出过凉，沥干水分，备用；鸡蛋取蛋清；里脊肉洗净，切片，加盐、生抽、蛋清、淀粉，抓匀后腌制10分钟。

2.油锅烧热，倒入里脊肉，用铲子滑炒至变色，放入葱姜丝和花椒粉翻炒，再放入豇豆，大火翻炒至熟即可。

青豆

青豆，又称青大豆，按其子叶的颜色，又可分为青皮青仁大豆和绿皮黄仁大豆两种，是中国重要的粮食作物之一。青豆的营养价值很高，含有蛋白质、粗纤维、维生素A、维生素C、维生素K、B族维生素及钙、磷、钾、镁、铁、锌等矿物质。此外，青豆中富含皂角苷、蛋白酶抑制剂、异黄酮、钼、硒等抗癌成分，对癌细胞有明显抑制作用。

这样吃清淡又营养

青豆富含不饱和脂肪酸和大豆磷脂，可降低血液中的胆固醇，减少脂肪吸收，是营养又健康的清淡食品。但青豆不宜久煮，否则会变色。

✓ **熟食** 青豆可与肉类、排骨、虾仁、香菇、胡萝卜等搭配食用，榨汁、凉拌、炒食、煲汤、煮粥、蒸饭均可，也可做糕点的配料。

✗ **油炸、干炒** 这些方法不易消化，也会摄入较多油脂，故不宜采用。

宜忌人群

宜 一般人群均可食用。尤其适宜肥胖、前列腺炎、便秘、泻痢、腹胀、癌症等患者食用。

忌 患有严重肝病、肾病、痛风、消化性溃疡、动脉硬化、低碘患者忌食。

清淡一族推荐佳肴

柠檬青豆汁

材料：青豆100克，柠檬30克。

做法：

1.青豆洗净，浸泡1小时，放入锅中，加水煮熟，捞出后放入搅拌机，打成青豆泥，备用。

2.柠檬去皮，打成柠檬汁，倒入青豆泥中，搅拌均匀即可。

青豆炒蘑菇

材料：青豆200克，蘑菇150克，葱花、蒜片、水淀粉、植物油、生抽、盐、鸡精各少许。

做法：

1.青豆洗净，放入清水中浸泡1小时；蘑菇洗净，去蒂，放入沸水锅中略焯后捞出，沥干水分，切小丁。

2.锅置火上，烧热后倒入植物油，油温八成热时放入葱花、蒜片煸香，放入青豆、蘑菇丁，翻炒均匀后加入少量水，焖煮至熟，放盐、生抽、鸡精炒匀，用水淀粉勾芡即可。

厨房小妙招

蘑菇也可改为香菇，香菇需要先洗净，然后再用温水泡发。注意泡香菇的水不要倒，可以用来炒菜或煮汤哟！

扁 豆

扁豆，又名白扁豆、藤豆等，扁豆嫩荚作蔬菜食用，白花和白色种子可入药。扁豆味甘，性平，具有健脾和中、益气消暑、化湿止泻的功效。扁豆的营养成分也相当丰富，含有蛋白质、脂肪、糖类、钙、磷、铁及食物纤维、维生素B_1、维生素B_2、维生素C和氰苷、酪氨酸酶等，尤其是扁豆衣的B族维生素含量特别丰富，是药食两用的佳品。

这样吃清淡又营养

扁豆气清香而不串，性温和而色微黄，与脾性最合。扁豆中所含的淀粉酶抑制物，可降低血糖，是脾胃虚弱及糖尿病患者的理想清淡食物。

✓ **鲜扁豆** 可炒、烧、做汤、煮粥，与蘑菇、胡萝卜、肉类等搭配营养又美味。

✓ **成熟豆粒** 可煮食、熬粥或制作成豆沙馅，与熟米粉掺和后，制作各种糕点和小吃。

✗ **生食** 生扁豆有毒，所以一定要煮熟后才能食用。

宜忌人群

宜 一般人群均可食用。尤其适宜脾胃虚弱、食欲不振、脾虚便溏、慢性久泄、小儿疳积（单纯性消化不良）、妇女脾虚带下、糖尿病、白细胞减少症及肿瘤患者食用。

忌 寒热病、疟疾、尿路结石患者忌食。

清淡一族推荐佳肴

白扁豆山药粥

材料：白扁豆60克，鲜山药、大米各100克。

做法：

1.白扁豆洗净，浸泡至软；山药去皮，洗净，切小块；大米淘洗干净。

2.锅中放入适量清水，放入大米、山药、白扁豆，大火煮开后转小火熬煮成粥即可。

香菇扁豆

材料：鲜扁豆100克，鲜香菇2朵，冬笋片30克，姜蒜末、植物油、盐、鸡精各少许。

做法：

1.扁豆去筋，洗净，切段，焯水，捞出沥干备用；香菇去蒂，洗净，切条；冬笋片洗净，切成粗丝。

2.油锅烧热，放姜蒜末爆香，放入香菇、冬笋丝、扁豆，翻炒至扁豆变色，放入少量水，小火焖一会儿，待汤汁收时，加盐、鸡精调味即可。

芸豆

芸豆又称菜豆、四季豆，其主要成分是蛋白质和粗纤维，还含有多种维生素及钙、铁、钾、镁等矿物质。此外，芸豆中还含有皂苷、尿毒酶和多种球蛋白等独特成分，具有提高人体免疫力，抑制肿瘤细胞的作用；芸豆中的尿素酶应用于肝昏迷患者效果很好。

这样吃清淡又营养

芸豆是一种难得的高钾、高镁、低钠食物，尤其芸豆中的皂苷类物质能降低脂肪吸收胆固醇，促进脂肪代谢；所含的膳食纤维还可降低胆固醇，促进肠道蠕动和排便，是备受人们喜爱的清淡食物之一。

☑ **鲜芸豆** 炒食、炖煮、干煸、做饺子馅、面条打卤等均可，但需注意，食用芸豆必须煮熟煮透，以免中毒。

☑ **芸豆粒** 煲汤、煮粥、蒸饭均可，也可磨粉做糕点、豆沙、豆馅等。

宜忌人群

宜 一般人群均可食用。尤其适宜心脏病、动脉硬化、高脂血症、低血钾症和忌盐患者食用；女性白带异常、皮肤瘙痒、急性肠炎、消化不良以及由于暑热导致的头痛、头晕、恶心、烦燥、口渴欲饮、心腹疼痛、饮食不香者更宜食用。

忌 消化功能不良、慢性消化道疾病患者慎食。

清淡一族推荐佳肴

胡萝卜炒芸豆

材料：芸豆250克，猪肉馅100克，胡萝卜半根，葱姜丝、蒜末、植物油、生抽、盐、料酒各少许。

做法：

1.芸豆洗净，切成长段；胡萝卜洗净，切细丝。

2.锅里放油烧热，放入葱姜丝、蒜末炒香，再放入猪肉馅、料酒、生抽，炒熟后放入芸豆，翻炒至熟软，再放入胡萝卜丝翻炒至熟，最后加盐调味即可。

芸豆饭

材料：芸豆粒50克，大米30克。

做法：

1.芸豆粒洗净，用清水浸泡约2小时；大米淘洗干净。

2.将泡好的芸豆粒放入锅中，加水，大火煮开后，改小火煮至芸豆开花，放入大米，同煮约20分钟。

3.将豆饭捞出，上屉蒸约10分钟即成。

豌豆

豌豆有鲜豌豆和豌豆粒两种，味甘、性平，归脾、胃经，具有益中气、止泻痢、利小便等功效。豌豆的营养价值也极高，富含蛋白质、碳水化合物、膳食纤维、叶酸、维生素A、胡萝卜素、维生素C、烟酸、B族维生素及钙、磷、钾、锌、硒等多种矿物质，是药食两用的佳品。

▓ 这样吃清淡又营养

豌豆与一般蔬菜有所不同，所含的止权酸、赤霉素和植物凝素等物质，有抗菌消炎，增强新陈代谢的功能。豌豆中富含粗纤维，能促进大肠蠕动，可以防止便秘，有清肠作用。但豌豆多吃会腹胀，故不宜长期大量食用。

☑ **鲜豌豆** 可煮粥、炒食、蒸饭、煲汤或做配菜食用，尤其适合与富含氨基酸的食物一起烹调，可以明显提高豌豆的营养价值。

☑ **豌豆粒** 可炒食、煲汤、煮粥，或磨成豌豆面粉，制作糕点、豆馅、粉丝、凉粉、面条等各种风味小吃。

✗ **炒干豌豆** 这种吃法尤其不易消化，也不利于营养的吸收，故不宜采用。

▓ 宜忌人群

宜 一般人群均可食用。尤其适宜糖尿病、腹胀、下肢水肿、脱肛、便秘等患者及癌症、哺乳期女性食用。

忌 脾胃较弱者慎食。

▓ 清淡一族推荐佳肴

豌豆炒菜花

材料：鲜豌豆200克，菜花100克，大蒜2瓣，植物油、盐、鸡精各少许。

做法：

1.豌豆洗净；菜花洗净，掰成小朵，放清水中浸泡5分钟；大蒜去皮，捣成蒜蓉。

2.油锅烧热，放入豌豆、菜花翻炒，炒熟后放入盐、鸡精、蒜蓉，翻炒均匀后即可。

豌豆红薯小米饭

材料：新鲜豌豆50克，红薯200克，小米100克。

做法：

1.豌豆洗净；红薯去皮、洗净、切小块；小米淘洗干净。

2.将豌豆、红薯、小米一起放入电饭锅中，加入适量清水蒸成饭即可。

豆腐

豆腐是最常见的豆制品，又称水豆腐。豆腐为补益清热养生食品，经常食用可补中益气、清热润燥、生津止渴、清洁肠胃。豆腐中蛋白质和钙含量尤其丰富，此外，还含有碳水化合物、胡萝卜素、异黄酮及多种矿物质，素有"植物肉"的美称。豆腐的营养价值与牛奶相近，对因乳糖不耐症而不能喝牛乳，或为了控制慢性病不吃肉禽类的人而言，豆腐是最好的代替品。

这样吃清淡又营养

豆腐是高蛋白、低脂肪的食物，生熟皆可，老幼皆宜，是养生保健、益寿延年的清淡美食佳品。但需注意，过量食用豆腐很容易导致碘缺乏，故不宜一次食用过多。

✓ **生食** 豆腐可直接生食或凉拌。

✓ **熟食** 豆腐可炒食、炖食、煮粥、煲汤。若想除去豆腥味，可将豆腐放水里焯一下。

✗ **煎炸、麻辣** 这两种吃法易摄入过多的油脂和辣椒，也容易破坏豆腐中的营养，故不宜采用。

宜忌人群

宜 一般人群均可食用。尤其适宜身体虚弱、营养不良、气血双亏、儿童、年老羸瘦、高脂血症、高胆固醇、肥胖、血管硬化、糖尿病、癌症、更年期女性及妇女产后乳汁不足、经常饮酒者食用。

忌 脾胃虚寒、腹泻便溏、痛风及血尿酸浓度增高的患者忌食；肾功能衰退者少食。

清淡一族推荐佳肴

凉拌豆腐

材料：豆腐300克，盐、香油各少许。

做法：将豆腐放入盘中，搅碎，放入盐、香油，搅拌均匀即可。

香菇豆腐汤

材料：鲜香菇2个，嫩豆腐150克，青菜适量，生姜丝、香葱、盐、鸡精、香油、水淀粉各少许。

做法：

1.鲜香菇洗净，切成薄片；嫩豆腐切小块；青菜洗净。

2.锅内放入清水，放入嫩豆腐、香菇丝和姜丝，烧开后转中小火烧至入味，放入青菜再次烧开，加入盐、鸡精，用水淀粉勾薄芡，撒入香葱末，淋上香油即可。

红薯

红薯又名白薯、地瓜、山芋等，主要有红心、白心、紫心三类。红薯营养价值很高，含有膳食纤维、胡萝卜素、多种维生素及钾、铁、铜、硒、钙等矿物质，是粮食和蔬菜中的佼佼者，被营养学家称为营养最均衡的保健食品。尤其是紫心红薯，它除了具有普通红薯的营养成分外，还富含硒元素和花青素，有抗氧化的作用。

这样吃清淡又营养

每100克鲜红薯仅含0.2克脂肪，产生99千卡热量，是很好的低脂肪、低热量清淡食物。特别是红薯含有丰富的赖氨酸，而大米、面粉恰恰缺乏赖氨酸，红薯与米面混吃，可以得到更为全面的蛋白质补充。但红薯不可与柿子同食，否则易形成胃结石。

✓ **直接蒸食** 红薯中所含淀粉粒较大，不经高温破坏难以消化，所以，红薯一定要蒸熟煮透再吃。而且一次不宜吃得过多，以免引起烧心、吐酸水、肚胀排气等现象。

✓ **入菜、煮粥、酿酒或做糕点** 可与大米、燕麦、玉米、面粉、红豆等搭配食用，还可以用红薯酿酒。

✗ **炸、拔丝等** 这些方法易使人摄入过多的油脂和糖，对健康不利。

宜忌人群

宜 一般人群均可食用。尤其适宜脾胃亏虚、营养不良、小儿疳积、便秘、动脉硬化、癌症等患者食用。

忌 湿阻脾胃、气滞食积者应慎食；胃胀、胃溃疡、胃酸过多、腹痛及糖尿病患者不宜多食。

清淡一族推荐佳肴

红薯玉米糁粥

材料：红薯100克，玉米糁200克。

做法：

1.红薯去皮，切小块。

2.锅内加水烧开，把玉米糁慢慢搅入沸水中，煮开后放入红薯，小火慢煮至红薯熟烂即可。

红薯小米粥

材料：红薯300克，小米100克。

做法：

1.红薯去皮，切小块。

2.小米淘洗干净，与红薯块一起放入锅中，加入适量清水煮成粥即可。

马铃薯

马铃薯又名土豆、山药蛋，是全球第四大重要的粮食作物，仅次于小麦、稻谷和玉米。马铃薯块茎含有大量的淀粉，能为人体提供丰富的热量，且富含蛋白质、氨基酸及多种维生素、矿物质，尤其是其维生素含量是所有粮食作物中最全的，在欧美国家特别是北美，马铃薯早就成为第二主食。

这样吃清淡又营养

马铃薯块茎水分多、脂肪少、单位体积的热量相当低，其富含的淀粉具有缩小脂肪细胞的作用，加上其钾含量丰富，是非常好的高钾低钠清淡食物。

✓ **做主食** 马铃薯可以直接蒸、煮、烤，作为主食食用，也可和面粉一起做成马铃薯饼。

✓ **入菜** 马铃薯可以当做蔬菜食用，凉拌、炒、熘、炖、做汤均可，或者做成粉丝，凉拌或做汤，荤素皆宜。但需注意，发芽的马铃薯有毒，所以有芽眼的部分应挖去，以免中毒。

✕ **炸、拔丝等** 这些方法易使人摄入过多的油脂和糖，对健康不利。

宜忌人群

宜 一般人群均可食用。尤其适合脾胃气虚、营养不良、胃及十二指肠溃疡、肥胖、高血压、动脉硬化、肾炎水肿、糖尿病及癌症患者食用。

忌 容易出现胀气问题的孕妇慎食。

清淡一族推荐佳肴

凉拌土豆丝

材料：土豆300克，醋适量，盐、蒜末、鸡精、香油各少许。

做法：土豆去皮，洗净，切成细丝，过两遍清水洗去淀粉，焯水后过凉，放入盐、蒜末、鸡精、香油、醋，拌匀即可。

醋熘土豆丝

材料：土豆2个，蒜片、醋适量，植物油、盐、鸡精各少许。

做法：

1.土豆去皮，洗净，切丝，放入水中浸泡5分钟。

2.油锅烧热，放入蒜片煸香，蒜片微微变黄后倒入土豆丝翻炒，加入醋，继续翻炒至熟，再加入盐、鸡精调味即可。

> **厨房小妙招**
> 土豆丝放清水中浸泡，可防止氧化变色，并去掉些淀粉，炒出来的土豆丝口感会更好。

清淡饮食 您吃对了吗

山药

山药又称薯蓣，性味甘平，归脾、肺、肾经，具有滋养强壮、助消化、敛虚汗、止泻的功效。山药肉质细嫩，除含蛋白质、碳水化合物、钙、磷、铁、胡萝卜素及维生素等成分外，还含有淀粉酶、胆碱及薯蓣皂苷等特殊营养物质，是药食两用的食品，深受人们喜爱。

▤ 这样吃清淡又营养

山药营养价值很高，热量、碳水化合物、脂肪含量低，而且肥厚多汁，又甜又绵，且带黏性，利于脾胃的消化吸收，具有很好的滋补作用，是病后康复食补的清淡佳品。

✓ **煲汤、做菜、煮粥** 可与大米、红枣、南瓜、薏米、鱼类、牛肉等食材搭配食用。但需注意，山药皮中的皂角素或黏液里含的植物碱，易使皮肤过敏、发痒，所以，给山药去皮时要避免皮肤直接接触。

✓ **磨粉** 干山药磨成粉可以搭配红枣、面粉等制成各种小点心。

✗ **炸、拔丝、做糖葫芦等** 这些方法易使人摄入过多的油脂和糖，对健康不利。

▤ 宜忌人群

宜 一般人群均可食用。尤其适宜病后虚弱、食少体倦、泄泻、肺虚、痰嗽、久咳、慢性肾炎、肥胖、糖尿病等患者食用。

忌 大便干燥、有实邪者忌食。

▤ 清淡一族推荐佳肴

山药大米粥

材料：鲜怀山药50克，大米100克。

做法：

1.山药去皮、洗净，切片，浸泡在清水中。

2.大米淘洗干净，与山药片一起放入锅中，加水煮成粥即可。

> **厨房小妙招**
> 切好的山药片放入清水中浸泡，可防止其氧化发黑。

莴笋炒山药

材料：山药400克，莴笋100克，青椒1个，葱花、姜片、植物油、盐、鸡精各少许。

做法：

1.山药去皮，洗净，切片，放清水中浸泡，然后焯水，捞出沥水备用；莴笋去皮，洗净，切片；青椒，洗净，切片。

2.油锅烧热，放入葱花、姜片爆香，放入山药片、莴笋片、青椒片，翻炒至断生后放入盐、鸡精，炒匀即可。

芋头

芋头又称芋、芋艿，形状、肉质因品种而异，通常食用的为小芋头。芋头性平，味甘、辛，有小毒，能益脾胃、调中气、化痰散结。芋头的营养丰富，含有粗蛋白、淀粉、皂角苷、多种维生素及钙、磷、铁、钾、镁等矿物质，既是制作饮食点心、佳肴的上乘原料，又是滋补身体的营养佳品。

这样吃清淡又营养

芋头口感细软，绵甜香糯，易于消化，营养价值近似于土豆，又不含龙葵素，是一种很好的清淡碱性食物，适宜体质虚弱的人调补食用。

✓ **做主食** 把芋头煮熟或蒸熟后蘸糖吃，但为保持清淡口味，要少蘸糖。

✓ **入菜、煲汤、煮粥** 可与豆腐、虾、猪肉、鸭肉等搭配食用。但芋头含有较多的淀粉，不宜一次吃得过多，否则会导致腹胀。

✗ **生食** 芋头有小毒，故不宜生食。

✗ **炸、拔丝等** 这些方法易使人摄入过多的油脂和糖，对健康不利。

宜忌人群

宜 一般人群均可食用。尤其适宜营养不良、身体虚弱、胃痛、胃酸过多、痢疾、慢性肾炎、癌症等患者食用。

忌 有痰、过敏性体质(荨麻疹、湿疹、哮喘、过敏性鼻炎)者、小儿食滞、胃纳欠佳、糖尿病患者应少食；食滞胃痛、肠胃湿热者忌食。

清淡一族推荐佳肴

清蒸芋头

材料：芋头500克，白糖少许。

做法：

1.将芋头洗净，备用。

2.高压锅中加水烧开，放入芋头，中火蒸10分钟。

3.去皮，蘸白糖食用即可。

芋头豆腐鲜虾汤

材料：芋头、豆腐各100克，鲜虾10只，葱姜丝、植物油、料酒、盐、鸡精、香油各少许。

做法：

1.豆腐切小块，焯水备用；芋头去皮，切小块；鲜虾洗净备用。

2.油锅烧热，放入虾，加些料酒翻炒至变色盛出。

3.砂锅中加入开水，倒入炒好的虾和芋头块、葱姜丝，大火煮开后转中小火炖煮15分钟，再放入豆腐煮5分钟，最后加盐、鸡精、香油调味即可。

> **厨房小妙招**
> 煮汤的时候要把上面的浮末撇去，可使汤更鲜美。

清淡饮食您吃对了吗

南瓜

南瓜又名倭瓜，是葫芦科南瓜属的植物。中医认为南瓜性温味甘，入脾、胃经，具有补中益气、消炎止痛、解毒杀虫的作用。南瓜的营养极其丰富，含有淀粉、蛋白质、胡萝卜素、B族维生素、维生素C和钙、磷等成分，每百克南瓜含脂肪0.1克，热量22千卡，是药食两用的清淡保健佳品。

这样吃清淡又营养

南瓜含有大量的膳食纤维，能帮助消化，预防便秘；南瓜中的果胶能调节胃内食物的吸收速率，控制饭后血糖上升，延缓对油脂的吸收，降低血液中胆固醇浓度，是糖尿病及血管病患者的理想食物。

✓ **南瓜肉** 可直接蒸食，也可与鸡蛋、西红柿、黄豆、银耳、大米、薏米、鸡肉等食材搭配，蒸、煮、炒、炖、烤均可，还可与面搭配做南瓜饼等面食。南瓜的皮和瓤都含有丰富的胡萝卜素和维生素，所以最好连皮带瓤一起食用。

✓ **南瓜子** 可炒熟当做休闲小吃。

✓ **南瓜粉** 直接用热水冲服，或与豆浆、果汁等搭配饮用，也可制作糕点。

✗ **炸、拔丝等** 这些方法易使人摄入过多的油脂和糖，对健康不利。

宜忌人群

宜 一般人群均可食用。尤其适宜胃炎、胃及十二指肠溃疡、便秘、结肠癌、糖尿病、动脉硬化、痢疾、肥胖等患者及中老年人食用。

忌 胃热炽盛、温热气滞者少食；脚气、黄疸、下痢胀满等患者忌食。

清淡一族推荐佳肴

南瓜小米粥

材料：南瓜300克，小米100克。

做法：

1.南瓜洗净，切开去子，再切成小块。

2.小米淘洗干净，与南瓜块一起放入锅中，加水煮成粥即可。

蚝油南瓜

材料：南瓜400克，蒜3瓣，蚝油、色拉油、盐、香油各少许。

做法：

1.南瓜，去皮、子、瓤，切成2厘米左右的方块。

2.蒜切末，放入大碗中，放入蚝油、色拉油、盐、香油拌匀，再倒入南瓜块充分拌匀。

3.将拌好的南瓜放入微波炉中，大火烤5分钟即可。

清淡饮食 您吃对了吗

白菜

白菜是十字花科芸薹属的植物，它原产于我国北方，是我国的传统蔬菜。白菜的营养丰富，含有丰富的糖类、蛋白质、粗纤维、钙、磷、铁、胡萝卜素、维生素B$_1$、维生素C、维生素B$_2$等。白菜中的脂肪含量很低，每100克白菜中仅含有0.1克。

▇ 这样吃清淡又营养

在我国北方的冬季，大白菜是餐桌上的常客，故有"冬日白菜美如笋"之说。因其具有较高的营养价值，故又有"百菜不如白菜"的说法。

✓ **清炒、炖煮** 白菜可以单独清炒，也可以加入豆腐、瘦猪肉、粉条、土豆、排骨等食材，炖成各种既营养又美味的菜肴。

✓ **凉拌** 可单独凉拌，也可添加其他蔬菜一起拌凉菜。

✗ **加辣椒爆炒** 这样会摄入较多油脂，吃辣过多易上火。

▇ 宜忌人群

宜 一般人群均可食用。尤其适宜慢性习惯性便秘、伤风感冒、肺热咳嗽、喉发炎、腹胀及发热者食用。

忌 寒性体质、慢性肠胃炎患者慎食。

▇ 清淡一族推荐佳肴

白菜炖豆腐

材料：白菜200克，豆腐100克，葱丝、姜丝、蒜末、植物油、盐各少许。

做法：

1.豆腐切块，白菜洗净撕大块。

2.锅内倒油烧热，爆香葱丝、姜丝、蒜末，倒入白菜翻炒至白菜变软后加入豆腐，加少许水，煮到白菜熟，加盐调味搅拌均匀即可。

厨房小妙招

1.白菜洗后撕成小块，手撕菜能保留更多的维生素C。

2.最后放盐，使盐留在食物表面，这样可减少食盐的摄入量。

蒜蓉虾球蒸白菜

材料：白菜 500克，虾仁 6个，粉丝1小把，大蒜8瓣，植物油、蒸鱼豉汁、盐各少许。

做法：

1.粉丝用冷水泡软；白菜洗净，切细丝；虾仁横剖2半；大蒜捣成蒜蓉。

2.将泡好的粉丝铺在盘中，上面均匀码上白菜丝，然后放入虾仁。

3.炒锅中倒入油烧热，下蒜蓉爆香；倒入鱼豉汁、盐后煮滚。

4.将调好的蒜蓉豉油汁浇在白菜上，然后将白菜放入蒸锅中，开锅后蒸4～5分钟，吃时拌匀即可。

清淡饮食 您吃对了吗

油菜

油菜，又叫油白菜，也是十字花科芸薹属的植物。油菜中含多种营养素，尤其是维生素C的含量比大白菜高1倍多，含钙量极高，可以缓解老年人骨质疏松等病症。但其脂肪含量却少之又少，每100油菜中含有0.5克，是名副其实的清淡蔬菜。

■ 这样吃清淡又营养

油菜质地脆嫩，略有苦味，烹调油菜时要现切现炒，并用旺火快炒，这样既可保持鲜脆，又可使其营养成分不被破坏。但油菜不宜与黄瓜、南瓜一同食用，同食会影响维生素C的吸收。

☑ **清炒、炖**　油菜可单独清炒，也可与土豆、豆腐、粉条、排骨、鸡、菌菇类等食材炒、炖成各种美味的菜肴。清洗油菜时最好先用淘米水浸泡5分钟，之后用活水冲洗，这样可以洗净农药残留。

☑ **凉拌**　油菜可单独焯水凉拌，也可与粉丝、粉皮等食材凉拌。

■ 宜忌人群

宜　一般人均可食用。适宜便秘、口腔溃疡、牙龈出血、牙齿松动、癌症等患者食用。

忌　孕早期妇女、眼病、小儿麻疹后期、疥疮、狐臭等患者忌食。

■ 清淡一族推荐佳肴

生炒油菜

材料：油菜500克，葱丝、姜丝、蒜末各5克，植物油、盐、料酒、水淀粉各少许。

做法：

1.将油菜清洗干净备用。

2.锅内倒油烧热，爆香葱丝、姜丝、蒜末，倒入油菜，淋入料酒和少量开水，焖片刻，用水淀粉勾芡，最后放盐调味，炒匀出锅装盘即可。

香菇炒油菜

材料：油菜、香菇各300克，葱末5克，植物油、蚝油、盐、淀粉各少许。

做法：

1.油菜清洗干净后，沥干水分备用；香菇去蒂，清洗干净，切片备用。

2.油锅烧热，爆香葱末，倒入油菜、香菇片翻炒，断生后加蚝油、盐调味，再用淀粉勾芡，盛入盘中即可。

厨房小妙招

1.若使用干香菇，宜用温水泡发。2.蚝油较咸，所以要少放盐，口味清淡者也可以不放盐。

清淡饮食 您吃对了吗

菠菜

菠菜又名波斯菜、鹦鹉菜等，是属藜科菠菜属的植物。菠菜中富含类胡萝卜素、维生素C、维生素K、矿物质（钙、铁等）、膳食纤维、辅酶Q10等多种营养素，有"营养模范生"之称。

这样吃清淡又营养

菠菜含有大量的植物粗纤维，具有促进肠道蠕动的作用，利于排便，且能促进胰腺分泌，帮助消化。

✓ **凉拌** 菠菜可单独焯水凉拌，也可与黄瓜、粉皮、豆芽、猪肝、肉丝等食材凉拌。

✓ **炒，炖，做汤** 菠菜可单独清炒，也可与土豆、鸡蛋、粉条、鸡肉、菌菇类等食材搭配食用。菠菜中的草酸含量高，烹调前先焯一下水，可去除菠菜中80%的草酸。

宜忌人群

宜 一般人群均可食用。特别适合老、幼、病、弱者食用。糖尿病、高血压、便秘、贫血、坏血病等患者，及电脑工作者、爱美的人也应常吃菠菜。

忌 肠胃虚寒、腹泻者少食；肾炎、肾结石患者忌食。

清淡一族推荐佳肴

菠菜炒鸡蛋

材料：菠菜300克，鸡蛋2个，葱丝、姜丝、植物油、盐各少许。

做法：

1.将鸡蛋打入碗中搅成蛋液；菠菜洗净切段，焯水。

2.锅内倒油烧热，放入葱丝、姜丝爆香，倒入鸡蛋液炒熟，装入盘中。

3.油锅烧热，放入菠菜段翻炒几下，加入炒熟的鸡蛋、盐，快速翻炒均匀即可。

厨房小妙招

1.清洗菠菜时用活水冲洗，这样可以洗净农药残留。2.炒鸡蛋时已放过油，所以炒菠菜时就不要再放油了，为避免糊锅，可加少许水。

菠菜虾仁汤

材料：菠菜300克，虾100克，葱丝、姜丝、植物油、料酒、盐、鸡精各少许。

做法：

1.虾洗净加料酒、盐、葱姜丝煮2分钟，去虾壳。

2.菠菜洗净、焯水、切段。

3.起锅热油爆香葱姜，放2碗水和虾仁烧开。

4.放菠菜烧开，加盐和鸡精调味即可。

西蓝花

西蓝花，又名花椰菜，是十字花科芸薹属的一种蔬菜。西蓝花的平均营养价值及防病作用名列众蔬菜之首，富含类黄酮、维生素C、钾、叶酸、维生素A、镁、泛酸、铁和磷等多种营养素，素有"蔬菜皇冠"的美誉。

这样吃清淡又营养

西蓝花的营养价值极高，尤其是维生素种类非常齐全，是最适宜清淡一族的营养佳肴。

快炒　西蓝花可单独清炒，也可与瘦猪肉、牛肉、虾仁、菌菇类等搭配食用。清洗西蓝花时，可先将其放入淘米水或清水中浸泡5分钟，再用自来水不断冲洗，以减少农药残留。

凉拌　西蓝花可焯水后单独凉拌，但焯水时间不宜过长，以免破坏西蓝花中的维生素。

宜忌人群

宜　一般人群均可食用。尤其适宜中老年人、小孩和脾胃虚弱、消化功能不强者食用。

忌　尿路结石及甲状腺功能低下患者忌食。

清淡一族推荐佳肴

双菇炒西蓝花

材料：西蓝花300克，蟹味菇100克，白玉菇100克，胡萝卜适量，葱丝、姜丝、植物油、盐、蚝油、淀粉各少许。

做法：

1.白玉菇和蟹味菇分别洗净，沥干水；胡萝卜洗净，切丝、焯水；西蓝花洗净，掰成小朵，焯水后备用。

2.炒锅烧热，倒入植物油，油温八成热时加入葱姜丝爆香，加入双菇煸炒，倒入少许水，再加入焯好的西蓝花和胡萝卜丝，翻炒几下，再加入蚝油、盐，收汁关火出锅。

> **厨房小妙招**
> 西蓝花、胡萝卜焯水1分钟即可，时间过长会损失大量维生素。

凉拌西蓝花

材料：西蓝花300克，胡萝卜、黑木耳、葱花、香油、盐、鸡精各少许。

做法：

1.西蓝花洗净，掰成小朵，焯水；胡萝卜洗净，切薄片，焯水；黑木耳泡发，洗净，撕成小朵，焯水。将三种食材摆入盘中。

2.锅内放油，爆香葱花成葱油。

3.将葱油淋在菜上，加盐、鸡精调味，拌匀即可。

洋葱

洋葱是一种很普通的家常菜，四季都有供应，其不仅富含钾、维生素C、叶酸、锌、硒、膳食纤维等营养素，更含有两种特殊的营养物质——槲皮素和前列腺素A，有"菜中皇后"之称。

这样吃清淡又营养

洋葱营养价值很高，其所含的辣素精油可降低血液中的胆固醇水平，是清淡一族日常喜爱的佳蔬。

✓ **熟食** 洋葱可单独清炒，也可与鸡蛋、瘦猪肉、牛肉、虾仁、鱼片、菌菇类等食材搭配炒食、煲汤等。白皮洋葱的水分和甜度皆高，比较适合生食、烘烤或炖煮；黄皮洋葱口感柔嫩，适合生吃；紫皮洋葱辛辣味强，适合炒食。

✓ **凉拌** 洋葱可以搭配其他时蔬，做成美味的凉菜或沙拉。

宜忌人群

宜 一般人均可食用。适宜消化不良、饮食减少、胃酸不足者及高血压、高脂血症、动脉硬化、糖尿病、癌症、急慢性肠炎、痢疾等患者食用。

忌 皮肤瘙痒性疾病、患有眼疾、胃炎、胃溃疡的患者忌食。洋葱辛温，故热病患者应慎食。

清淡一族推荐佳肴

洋葱炒牛肉

材料：牛肉300克，洋葱1个，青椒半个，植物油、盐、生抽、淀粉、料酒、鸡精各少许。

做法：

1.牛肉切片，放入淀粉、盐、生抽、料酒腌10分钟；洋葱、青椒分别洗净，切块。

2.油锅烧热，放入腌好的牛肉快炒，再放入洋葱、青椒炒匀，断生后放入盐、鸡精，炒匀后起锅装盘。

凉拌洋葱

材料：洋葱1个，黑木耳、青红椒、米醋各适量，香油、盐、糖、鸡精各少许。

做法：

1.洋葱洗净切丝，稍烫去辣味；青红椒洗净切丝；黑木耳泡发后切丝，焯水，过凉备用。

2.以上食材放入碗中加盐、糖腌拌片刻，加入米醋、香油、鸡精，拌匀即可。

莲藕

莲藕又称藕，属莲科植物根茎，可餐食也可药用，味甘、性寒，归心、脾、胃、肝、肺经，具有清热生津、凉血、散瘀、止血的作用。莲藕富含淀粉、B族维生素、维生素C及铜、铁、钾、锌、镁和锰等多种矿物质，而且肉质肥嫩，白净滚圆，口感甜脆，是一款秋冬进补的保健食品。

这样吃清淡又营养

莲藕的脂肪含量非常低，100克中仅含有0.2克，是深受人们喜爱的清淡蔬菜。

✓ **炒、煨、蒸、卤** 莲藕可单独炒，也可以与排骨、糯米、肉类等食材搭配食用。七孔藕口感比较黏糯，适合煲汤、做藕泥等；九孔藕口感比较脆爽，适合生食。

✓ **凉拌** 莲藕可以单独焯水凉拌，也可搭配其他时蔬做成素什锦的凉菜。

✗ **生食** 生藕性凉，不利于消化吸收，因此脾胃功能不好的人最好少食或不食。

宜忌人群

宜 一般人群均可食用。尤其适宜便秘、高血压、肝病、肺结核、缺铁性贫血及出血症等患者食用。

忌 产妇、脾胃功能不佳者不宜生食。

清淡一族推荐佳肴

莲藕排骨汤

材料：排骨、莲藕各200克，胡萝卜半根，姜4片，盐少许。

做法：

1.排骨洗净，焯水后冲洗干净备用；莲藕去皮，切块；胡萝卜洗净，切块。

2.锅内加入适量的水，下入焯好的排骨块、生姜片，大火烧开，撇去浮沫，转小火慢炖至排骨软烂，加入莲藕块、胡萝卜块，继续煲至菜熟，最后加盐调味即可。

厨房小妙招

做藕时忌用铁器，以免使藕氧化变黑。

莲藕粥

材料：莲藕200克，大米100克，白糖少许。

做法：

1.将莲藕去皮洗净，切成小丁。

2.大米淘洗干净，放入锅中，加入适量清水煮粥，煮至八成熟时放入莲藕丁，继续煮至粥熟，最后加白糖调味即可。

清淡饮食 您吃对了吗

空心菜

空心菜原名蕹菜，又名通心菜，属蔓生植物。绿色空心菜中含有丰富的维生素C和胡萝卜素，紫色空心菜中含胰岛素成分，能降低血糖。空心菜是碱性食物，并含有钾、氯等调节水液平衡的元素，食后可降低肠道的酸度，预防肠道内的菌群失调，对防癌有益。

这样吃清淡又营养

空心菜的脂肪含量很低，每100克中只有0.3克脂肪，而且膳食纤维含量极为丰富，可增进肠道蠕动，加速排便，是清淡的健康蔬菜。

✓ **快炒，涮** 可单独清炒、涮菜，也可与鸡蛋、肉类、蒜蓉、菌菇类等食材搭配食用。空心菜中含有丰富的维生素，在炒和涮的过程中要快，以免破坏维生素的吸收。

✓ **凉拌** 可洗净后直接凉拌，也可以焯水后凉拌。

宜忌人群

宜 一般人群均可食用。适宜便血、尿血、鼻衄、糖尿病、高脂血症、口臭、肥胖等患者食用。

忌 空心菜性寒滑利，故体质虚弱、脾胃虚寒、大便溏泄者不宜多食，血压偏低、胃寒者慎服。

清淡一族推荐佳肴

腐乳空心菜

材料：空心菜300克，白腐乳4块，植物油、姜、蒜各少许。

做法：

1.蒜去皮、切末；姜切丝；空心菜去根部，洗净，切段，焯水。

2.白腐乳捣碎，与姜丝、蒜末拌匀。

3.锅中倒入油，倒入调好的腐乳汁，加入空心菜，翻炒均匀后即可出锅。

空心菜火腿炒饭

材料：空心菜50克，火腿20克，米饭100克，鸡蛋1个，葱花、植物油各适量，盐少许。

做法：

1.将空心菜洗净、切碎，火腿切碎，鸡蛋打散。

2.炒锅烧热，倒入植物油，八成热时倒入鸡蛋液，炒熟后盛出备用。

3.原锅倒入火腿、葱花，炒出香味后倒入空心菜，翻炒几下后再倒入米饭和炒好的鸡蛋，加入盐，翻炒2分钟即可。

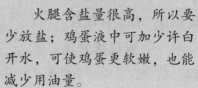

厨房小妙招

火腿含盐量很高，所以要少放盐；鸡蛋液中可加少许白开水，可使鸡蛋更软嫩，也能减少用油量。

茼蒿

茼蒿又称蒿菜等，为菊科草本植物，除茎叶嫩时可食外，根、茎、叶、花都可入药，有养心、降压、润肺、清痰的功效。茼蒿里含有丰富的维生素、胡萝卜素等，可以消痰止咳；茼蒿中钠、钾含量高，可调节体内的水液代谢，消除水肿。茼蒿气味芬芳，可以消痰开郁，避秽化浊，在古代有"皇帝菜"之称。

这样吃清淡又营养

茼蒿中的脂肪含量很低，且含有一种特殊香味的挥发油，能促进食欲，其所含粗纤维有助于肠道蠕动，促进排便，是餐桌上的清淡减肥佳蔬之一。

☑ **快炒、蒸食、煮汤、涮食** 茼蒿可单独炒食、涮菜，也可与鸡蛋、肉类、菌菇类等食材搭配食用。茼蒿中含有丰富的维生素，在炒和涮的过程中要快，以免破坏维生素的吸收。

☑ **凉拌** 可洗净后直接凉拌，也可以焯水后凉拌。

宜忌人群

宜 一般人群均可食用。适宜脾胃功能较弱的老人和儿童及慢性肠胃病、习惯性便秘、高血压、肺热咳嗽、痰多、心悸失眠、贫血等患者食用。

忌 脾胃虚寒、大便稀溏及腹泻患者忌用。

清淡一族推荐佳肴

凉拌茼蒿

材料：茼蒿300克，香油、盐、蒜、醋各少许。

做法：

1.茼蒿洗净，摘下嫩叶备用；蒜去皮，切末。

2.将香油、盐、蒜、醋调成汁，浇在茼蒿叶上，拌匀即可。

> **厨房小妙招**
> 茼蒿中含钠较高，所以放一点点盐即可，以免过咸。

茼蒿炒鸡蛋

材料：茼蒿300克，鸡蛋2个，葱花、植物油、盐各少许。

做法：

1.茼蒿洗净，焯水后切成段，备用；鸡蛋打入碗中，加少许白开水，搅散。

2.炒锅烧热，倒入植物油，油温八成热时倒入鸡蛋液，炒熟后盛出备用。

3.原锅放入葱花，炒香后倒入茼蒿，翻炒几下，再将炒好的鸡蛋倒入一同翻炒，最后放入盐调味即可。

> **厨房小妙招**
> 炒鸡蛋时已放了油，所以在炒茼蒿时就不必再放油了，以减少用油量。

芹菜

芹菜，属伞形科植物，有水芹、旱芹、西芹三种。芹菜含有丰富的膳食纤维、维生素A、维生素B₁、维生素B₂、维生素C和维生素PP，钙、铁、磷等矿物质含量也较高，此外，芹菜中还含有药效成分的芹菜苷、佛手苷内酯和挥发油，具有降血压、降血脂、防治动脉粥样硬化的作用。

▤ 这样吃清淡又营养

芹菜是典型的低脂肪、高纤维食物，经肠内消化作用还会产生一种木质素或肠内脂的物质，具有抗氧化、防癌的功效，是名副其实的清淡保健佳蔬。

✓ **做馅、炒食、烙饼、做汤** 芹菜可单独炒制，也可与鸡蛋、肉类、胡萝卜等食材搭配食用。芹菜不止茎可食用，叶子也可食用，如烙饼、做汤等。

✓ **凉拌、榨汁** 芹菜可直接榨汁饮用，也可焯水后凉拌。

✕ **加辣椒爆炒** 这样会摄入较多油脂，吃辣过多易上火。

▤ 宜忌人群

宜 一般人群均可食用。尤其适宜食欲不振、便秘、高血压、高脂血症及经常失眠、头痛的患者食用。

忌 血压偏低者、脾胃虚寒、经常腹泻者慎食。

▤ 清淡一族推荐佳肴

芹菜猪肉水饺

材料：芹菜500克，猪肉馅300克，面粉500克，葱姜各适量，植物油、盐、酱油、十三香各少许。

做法：

1.芹菜洗后焯水后捞出控水备用，将面和好备用。

2.将盐、酱油、十三香、植物油加入猪肉馅，顺时针搅拌上劲。

3.把焯好的芹菜切成小粒，葱姜切末，一同放入猪肉馅内，继续顺时针搅拌。

4.将和好的面做好皮，把调好的馅包进去就行了。

5.锅内加水煮沸，放入饺子煮熟即可。

芹菜炒百合

材料：芹菜200克，鲜百合3个，鲜彩椒半个，生姜3片，植物油、盐、鸡精、水淀粉各少许。

做法：

1.芹菜洗净，斜刀切段；彩椒洗净，切丝；百合掰成小瓣，洗净。

2.油锅烧热，爆香姜片，放入芹菜段翻炒3分钟，加彩椒同炒，再放入百合翻炒至熟，最后放盐、鸡精及水淀粉勾芡，炒匀后出锅即可。

生菜

生菜是叶用莴苣的俗称，是菊科莴苣属植物。生菜营养含量丰富，含有大量β-胡萝卜素、抗氧化物及B族维生素、维生素E、维生素C，还有大量膳食纤维和镁、磷、钙等微量元素。

这样吃清淡又营养

生菜因适宜生食而得名，质地脆嫩，口感鲜嫩清香，是一种高纤维、低脂肪的清淡蔬菜，深受人们喜爱。

✓ **快炒** 生菜可单独炒制，也可与肉类、海鲜等共同炒制成既营养又美味的菜品。生菜在清洗时最好用自来水不断冲洗，流动的水可避免农药残留。

✓ **凉拌，榨汁，蘸酱** 生菜可直接榨汁饮用、凉拌，也可蘸酱或当做饼皮夹肉类等食用。

宜忌人群

宜 一般人群均可食用。适宜胃病、肥胖、高胆固醇、神经衰弱、肝胆病及维生素C缺乏者食用；另外，女性常食，有利于保持苗条的身材。

忌 生菜性凉，故尿频、胃寒之人应慎食。

清淡一族推荐佳肴

蚝油生菜

材料：生菜500克，大蒜适量，植物油、盐、蚝油各少许。

做法：

1.生菜洗净，撕成小片；大蒜剥皮，切碎。

2.炒锅烧热，倒入植物油，油温八成热时放入蒜蓉爆香，至微黄色，加入生菜，翻炒一会儿加盐调味，倒入蚝油，拌匀，起锅。

> **厨房小妙招**
> 1.生菜用手撕成片，吃起来会比刀切的脆。2.蚝油也是咸味调味品，故宜少加盐。

白灼生菜

材料：生菜500克，葱丝、植物油、盐、酱油各少许。

做法：

1.生菜洗净，撕成大片，焯水，捞出沥干，放在盘子里，在生菜上码上葱丝。

2.酱油倒入小碗中，放入微波炉加热40秒。

3.炒锅烧热，倒入植物油，烧热后浇在生菜上，加热好的酱油沿着盘子均匀的倒在生菜边缘，吃的时候拌一下即可。

韭菜

韭菜又名壮阳草，属百合科多年生草本植物。韭菜的主要营养成分有维生素C、维生素B₁、维生素B₂、尼克酸、胡萝卜素、碳水化合物及矿物质。韭菜还含有丰富的纤维素，可以促进肠道蠕动、预防大肠癌的发生。

这样吃清淡又营养

韭菜含有挥发性的硫化丙烯，具有辛辣味，有促进食欲的作用。但是韭菜的脂肪含量不高，每100克可食用部分含脂肪0.2克，是低脂肪、高纤维的清淡蔬菜。

☑ **快炒，做馅料，煮汤** 韭菜可与豆芽、土豆、鸡蛋、肉类等食材搭配食用。韭菜是低矮植物，易有农药残留，在食用前可先在清水中浸泡5分钟，再用流水冲洗干净。

☑ **生食，凉拌** 韭菜可洗净直接生食，也可与其他食材一起凉拌。

宜忌人群

宜 一般人群均能食用。尤其适宜便秘患者、产后缺乳的女性及寒性体质者食用。

忌 热性病症的人不宜食用。消化不良、胃炎、胃溃疡患者忌食生韭菜。

清淡一族推荐佳肴
韭菜炒鸡蛋

材料：韭菜200克，鸡蛋2个，植物油、盐各少许。

做法：

1.韭菜择洗干净，切碎。

2.鸡蛋打散，加少许白开水搅匀，再放入韭菜碎、盐，搅匀。

3.油锅烧热，倒入韭菜鸡蛋液，炒熟即可。

韭菜炒鱿鱼

材料：韭菜150克，鱿鱼180克，红彩椒40克，葱丝、姜丝、蒜片各适量，植物油、盐、料酒、淀粉各少许。

做法：

1.韭菜摘洗干净，切段；红彩椒洗净，切条；用盐、料酒、淀粉和适量水，勾兑好芡汁备用。

2.鱿鱼条放入开水中汆烫一遍。

3.热锅凉油下入葱丝、姜丝、蒜片爆香，放入鱿鱼翻炒，再倒入韭菜、红彩椒条，翻炒至断生后倒入芡汁，用旺火快速翻炒均匀便可出锅。

厨房小妙招

鲜鱿鱼买回后，除内脏洗干净，把外面的皮和内侧的筋膜撕掉不要，这样吃起来口感好。

胡萝卜

胡萝卜，别名红萝卜等，是伞形科二年生草本植物，以呈肉质的根作为蔬菜食用。胡萝卜富含挥发油、胡萝卜素、维生素A、维生素B$_1$、维生素B$_2$、花青素、钙、铁等人体所需的营养成分，素有"小人参"之称。

▰ 这样吃清淡又营养

胡萝卜肉质细密，质地脆嫩，有特殊的甜味，据研究，每天吃些胡萝卜，有助于降低胆固醇，预防心脏疾病和肿瘤。

☑ **炒、烧、炖、配菜** 胡萝卜可单独炒制，也可与肉类、海鲜、豆芽等食材共同炒制成的既营养又美味的佳肴。

☒ **生食，凉拌** 胡萝卜可以洗净直接生食，也可以与其他蔬菜搭配拌成凉菜，但是胡萝卜生食难以消化，故而脾胃虚弱者少食。

▰ 宜忌人群

宜 一般人群均可食用。适宜营养不良、食欲不振、便秘、癌症、高血压、夜盲症、干眼症及皮肤粗糙者食用。

忌 体弱气虚者不宜食用。女性如吃过多胡萝卜，易引起月经不调，并可能导致不孕，故应少吃。

▰ 清淡一族推荐佳肴

胡萝卜粥

材料：胡萝卜1根，大米100克。

做法：

1.将胡萝卜洗净，切成小丁；大米淘洗干净。

2.将胡萝卜、大米一同放入锅内，加适量清水，大火烧沸后，转小火熬煮至米烂粥黏稠即可。

胡萝卜苦瓜煎蛋

材料：胡萝卜半根，苦瓜1/4根，鸡蛋2个，植物油、盐、葱末各少许。

做法：

1.胡萝卜、苦瓜分别洗净，切丁备用。

2.鸡蛋打入大碗搅匀，放入葱末、胡萝卜丁、苦瓜丁、盐，搅匀备用。

3.热锅凉油，倒入搅拌好的鸡蛋胡萝卜苦瓜液，调小火，煎一会儿定型后翻面，煎熟即可。

厨房小妙招

倒入鸡蛋液时，一定要转小火，才能使菜品滑嫩，不糊锅。如果有饼铛可用饼铛制作，那样用油会更少，更清淡。

清淡饮食 您吃对了吗

白萝卜

白萝卜是根茎类蔬菜，属十字花科萝卜属植物。白萝卜的营养非常丰富，富含芥子油、淀粉酶、粗纤维、维生素A、维生素C等多种营养素，还含有能提高巨噬细胞活力的木质素，以及能分解致癌物亚硝酸胺的多种酶，是药食两用的佳蔬。

▥ 这样吃清淡又营养

白萝卜外皮和肉之间的皮中含有丰富的芥子油，可以治疗或辅助治疗多种疾病，《本草纲目》称之为"蔬中最有利者"。所以白萝卜在食用时，要尽量少去皮，以减少营养损失。

☑ **炒、炖、烧、蒸、做馅、煲汤** 白萝卜的食用方法很多，可以单独做菜，也可以与牛肉、排骨、鲫鱼、黄豆等食材一同制作营养美味的菜肴。

☑ **生食，凉拌** 白萝卜可洗净直接生食，也可拌成可口的凉菜。但是白萝卜会刺激胃黏膜，因此有胃病的人不宜生吃。

▥ 宜忌人群

宜 一般人群均可食用。适宜食欲不振、腹胀、呕吐、呼吸道疾病、肾结石等患者食用。

忌 脾虚泄泻者慎食或少食；胃溃疡、十二指肠溃疡、慢性胃炎、单纯甲状腺肿、先兆流产、子宫脱垂等患者忌食。

▥ 清淡一族推荐佳肴

白萝卜鲫鱼汤

材料：白萝卜适量，鲫鱼1条，葱、姜、油、盐各少许。

做法：

1.鲫鱼收拾干净，洗净备用；白萝卜洗净，切薄片备用。

2.锅里倒入少量的油，葱、姜入锅爆香，将鲫鱼放入锅中两面煎黄后，添入适当的水，大火煮开后转小火熬成奶白色。

3.加入白萝卜片，略煮一会儿，加入盐，撒入葱花即可出锅。

> **厨房小妙招**
> 如果不喜欢煎鱼，可直接煮汤，那样口感会更加清淡。

糖醋白萝卜丝

材料：白萝卜1根，醋适量，糖、盐、葱花、香油各少许。

做法：白萝卜洗净，切丝，放入盘中，撒上糖、盐、葱花，淋上醋和香油，搅拌均匀即可。

> **厨房小妙招**
> 菜中放少许糖可中和白萝卜的辣味，使口感更爽脆、可口，但若是糖尿病患者食用，则不宜放糖。

茄子

茄子是草本或亚灌木植物，我们常见的茄子有长茄子和圆茄子两种。茄子的营养丰富，含有多种维生素及钙、磷、铁等矿物质，还含有胆碱、胡芦巴碱、水苏碱、龙葵碱等多种生物碱，尤其是紫色茄子中维生素含量更高，可以抑制消化道肿瘤细胞的增殖。

▤ 这样吃清淡又营养

茄子中的维生素PP含量很高，每100克中含维生素PP750毫克，这是许多蔬菜水果望尘莫及的。维生素PP是一种黄酮类化合物，有软化血管、降低胆固醇的作用，是适宜常吃的清淡保健蔬菜。

✓ **拌、炒、烧、蒸、煮、做汤** 茄子可以单独炒食、做汤、蒸熟后凉拌，也可以与肉类、鱼类、土豆等食材搭配食用。老茄子，特别是秋后的老茄子含有较多茄碱，对人体有害，不宜多吃。

✓ **生食** 生茄子中含有龙葵素(又称茄碱)的毒素，故切莫生吃。

✗ **挂浆油炸** 这种食法虽然味道更好，但容易摄入大量油脂，也会破坏茄子中的维生素。

▤ 宜忌人群

宜 一般人群均可食用。适宜容易长痱子、生疮疖患者食用。

忌 脾胃虚寒、体弱、便溏者、哮喘者不宜多食；手术前不宜吃茄子。

▤ 清淡一族推荐佳肴

蒜泥茄子

材料：长茄子2个，大蒜、醋各适量，香油、盐各少许。

做法：

1.长茄子洗净，撕成条，上锅蒸熟，用筷子一扎能透了即可，取出后凉凉。

2.大蒜去皮，切末，放入晾好的茄子里，加入盐，淋上香油和醋，拌匀即可。

土豆炖茄子

材料：土豆、茄子各1个，瘦猪肉100克，黄酱、葱、姜、蒜各适量。

做法：

1.茄子洗净，切成大块；土豆去皮、洗净，切滚刀块；瘦猪肉洗净，切片。

2.油锅烧热，倒入葱、姜、蒜炒香，加入肉片翻炒一会儿，倒入土豆、茄子翻炒，加入适当的水，大火烧开加入黄酱，盖好锅盖炖20分钟，收汁装盘即可。

甘 蓝

甘蓝是十字花科芸苔属植物，我们常见的甘蓝有紫甘蓝和绿甘蓝两种。甘蓝是世界卫生组织推荐的最佳蔬菜之一，其所含的维生素K、维生素A、维生素U及钾、钙、磷等矿物质，不仅能抗胃部溃疡、保护并修复胃黏膜组织，还可以保持胃部细胞活跃旺盛，降低病变的概率，有"天然养胃菜"之称。

这样吃清淡又营养

甘蓝的脂肪含量很低，每100克甘蓝仅含0.2克，其他营养元素却很高，是我们日常食用的既营养又清淡的蔬菜。

✓ **炒，烧，蒸，做馅，做汤** 甘蓝可以单独素炒，也可以与肉类、鱼虾类等食材搭配食用。清洗甘蓝时，一定要每片叶子都清洗到，才能减少农药残留。

✓ **凉拌** 甘蓝可直接单独凉拌，也可以焯水后凉拌，还可以与其他食材搭配一起凉拌。

✗ **加辣椒爆炒** 这样会摄入较多油脂，吃辣过多易上火，也会使甘蓝中的营养素被破坏。

宜忌人群

宜 一般人群均可食用。适宜糖尿病、动脉硬化、胆结石、肥胖、贫血及较轻的消化道溃疡患者食用。

忌 皮肤瘙痒性疾病、眼部充血患者忌食。脾胃虚寒、泄泻及小儿脾胃弱者不宜多食。接受腹腔和胸外科手术后的患者、胃肠道溃疡及出血特别严重者、肝病患者不宜吃。

清淡一族推荐佳肴

清炒甘蓝

材料：甘蓝400克，花椒、油、盐各少许。

做法：

1.甘蓝洗净，手撕成块。

2.炒锅烧热，倒入植物油，油温六成热时放入花椒爆香，倒入甘蓝翻炒片刻，断生后加入盐，炒匀后装盘即可。

> **厨房小妙招**
> 手撕的甘蓝既可以保护营养不流失，又可以使口感更好。

蔬菜沙拉

材料：紫甘蓝、绿甘蓝各150克，胡萝卜半根，小番茄6个，盐、糖、橄榄油、醋各少许。

做法：

1.将两种甘蓝分别洗净，切丝备用；胡萝卜洗净，切丝；小番茄洗净，对半切。

2.将切好的蔬菜放入大一点的容器里，放入盐、糖、橄榄油、醋，拌匀即可。

冬瓜

冬瓜又名白瓜，是葫芦科冬瓜属草本植物。冬瓜营养丰富，富含胡萝卜素、多种维生素、粗纤维和钙、磷、铁等矿物质，尤其是冬瓜的含钾量显著高于含钠量，属典型的高钾低钠型蔬菜。冬瓜的果皮和种子可作为药用，有消炎、利尿、消肿的功效。

这样吃清淡又营养

冬瓜肉厚，白色，疏松多汁，味淡，嫩瓜或老瓜均可食用。冬瓜中所含的丙醇二酸，能有效地抑制糖类转化为脂肪，且富含膳食纤维，是餐桌上不可缺少的清淡保健佳蔬。

☑ 炒、烧、煨、煲汤、做馅、做粥

冬瓜可以单独素炒、烧，也可以搭配肉类、海产品等做成美味营养的菜肴。保存冬瓜时，不要去冬瓜皮，直接用保鲜膜包好放入冰箱冷藏，这样可以避免营养的大量流失。

⊗ 生食　冬瓜性凉，不宜生食。

宜忌人群

宜　一般人群均可食用。尤其适宜便秘、肥胖、肾脏病、高血压、高脂血症、水肿病、小便不利等患者食用。

忌　脾胃虚寒、腹泻便溏、肾虚者及寒性痛经的女性忌食。

清淡一族推荐佳肴

冬瓜扒虾

材料：冬瓜200克，大虾10只，蒸鱼豉汁少许。

做法：

1. 冬瓜去皮、去籽，切块备用。
2. 开水煮活虾，煮1分钟即可，捞出备用。
3. 将虾摆到冬瓜块上，大火蒸10分钟，出锅后倒入蒸鱼豉汁即可食用。

> **厨房小妙招**
> 蒸鱼豉汁中含有油和盐，故这道菜不需要另外加油和盐了。

冬瓜汆丸子

材料：冬瓜200克，肉馅100克（猪、牛、羊皆可），鸡蛋1个，葱、姜、香菜各适量，盐少许。

做法：

1. 肉馅放入鸡蛋、盐，搅匀后加入葱、姜，搅打肉馅，一点点地加清水使肉馅上劲；冬瓜洗净，切薄片；香菜切碎。
2. 锅中放水，大火烧开，用小勺把肉馅揉搓成圆球，放入开水中，全部放完后下入冬瓜片，稍煮一会儿，撒上香菜碎即可。

> **厨房小妙招**
> 肉馅里放了盐，汤中就不用放了。

清淡饮食　您吃对了吗

黄瓜

黄瓜又名胡瓜、青瓜，是葫芦科黄瓜属植物。果实颜色呈油绿或翠绿，表面有柔软的小刺。黄瓜富含糖类、维生素B_2、维生素C、维生素E、胡萝卜素、尼克酸、钙、磷、铁等营养成分。黄瓜性寒，味苦、甘，归胃、肠经，具有除热、利水利尿、清热解毒的功效，是清热、泻火的食疗佳品。

▤ 这样吃清淡又营养

黄瓜的脂肪含量为零，热量低，是全世界公认的减肥蔬菜之一。黄瓜中所含的葡萄糖苷、果糖等不参与通常的糖代谢，故糖尿病人以黄瓜代淀粉类食物充饥，血糖非但不会升高，甚至会降低。但黄瓜中含有一种维生素C分解酶，如果与维生素C含量丰富的食物，会降低人体对维生素C的吸收。

✓ **炒，烧，做馅，做汤** 黄瓜可以单独素炒，也可以与猪肉、鸡蛋等食材搭配食用。

✓ **生食，凉拌** 黄瓜可直接生食或凉拌，口感清脆爽口，也可以与其他食材搭配一起凉拌。

▤ 宜忌人群

宜 一般人群均可食用。适宜感冒、发热、中暑、糖尿病、动脉硬化、皮肤粗糙、胆结石、肥胖、容易便秘者食用。

忌 慢性支气管炎、脾胃虚寒、女性月经前后、呕吐或腹泻及小儿脾胃弱者不宜多食。

▤ 清淡一族推荐佳肴

拍黄瓜

材料：黄瓜1根，醋、生抽、盐、麻酱、蒜各少许。

做法：黄瓜洗净，拍裂，切块；蒜去皮，切末，放入黄瓜中，再放入醋、生抽、盐、麻酱，拌匀即可。

> **厨房小妙招**
> 1.黄瓜皮所含营养素丰富，应当保留生吃。2.麻酱中含有脂肪，所以不用再放香油了。

酸甜黄瓜条

材料：黄瓜2根，苹果醋适量。

做法：黄瓜洗净，去皮，切条，码放在大碗中，倒入适量的苹果醋，泡4～5个小时后，直接食用即可。

> **厨房小妙招**
> 被去掉的黄瓜皮可以加个鸡蛋直接做汤，既不浪费又可以更好地吸收营养。

西红柿

西红柿又名番茄、洋柿子，属茄科植物，可当蔬菜也可当水果。西红柿富含番茄素、胡萝卜素、维生素C、B族维生素以及钙、磷、钾、镁、铁、锌、铜、碘等多种矿物质。一般来说，西红柿颜色越红，番茄红素含量越高，未成熟和半成熟的青色西红柿的番茄红素含量相对较低。

这样吃清淡又营养

西红柿所含的热量和脂肪都非常低，每100克西红柿只含有0.2克的脂肪和11千卡的热量，是名副其实的清淡蔬果。

✓ **炒，烧，做汤** 西红柿可以与蛋类、肉类、菜花、豆腐等食材搭配食用。未成熟的青色西红柿含有毒的龙葵碱，故不宜食用。

✓ **生食，凉拌** 西红柿可当水果直接生食、凉拌或榨汁，也可以与其他食材搭配一起凉拌。

宜忌人群

宜 一般人群均可食用。适宜发热、口渴、食欲不振、习惯性牙龈出血、贫血、头晕、心悸、高血压、急慢性肝炎、急慢性肾炎、夜盲症和近视眼等患者食用。

忌 急性肠炎、菌痢及溃疡活动期病人忌食。

清淡一族推荐佳肴

西红柿炖豆腐

材料：西红柿200克，豆腐150克，葱花、植物油、盐各少许。

做法：

1.西红柿洗净、切片；豆腐切块，在沸水中煮一下，捞出备用。

2.油锅烧热，葱花爆香，放入西红柿，小火焖炒3~4分钟，放入豆腐，加适量清水、盐，大火烧开后改小火慢炖5分钟，收汁即可。

厨房小妙招

豆腐下锅炒之前，先在沸水中煮一下，这样豆腐不容易碎，而且有嚼劲、口感好。

西红柿炒鸡蛋

材料：鸡蛋5个，西红柿150克，植物油、盐各少许。

做法：

1.西红柿洗净，切块；鸡蛋打入碗中，加少量白开水，搅匀备用。

2.油锅烧热，倒入搅好的鸡蛋液，炒熟后，原锅加入切好的西红柿块，翻炒至断生后，放入盐，炒匀即可。

清淡饮食 您吃对了吗

莴笋

莴笋又称莴苣、青笋，是菊科莴苣属草本植物。莴笋含有丰富的膳食纤维、钾、磷、钙、钠、镁、叶酸、维生素A、维生素B$_1$、维生素B$_2$、维生素B$_6$、维生素E、维生素K等营养元素。莴笋味甘、性凉、苦，入肠、胃经；具有利五脏、通经脉、清胃热、清热利尿的功效。

▬ 这样吃清淡又营养

莴笋不止莴笋茎可以食用，莴笋叶子也可以食用，并且叶子的营养比笋茎还要高。莴笋的脂肪含量非常低，每100克莴笋中仅含有不到0.1克，莴笋的口感也非常清爽。

☑ **炒，烧，焯，做汤** 莴笋的茎和叶子都可以单独炒、焯，由于口味清淡可以与任何食材搭配食用。

☑ **凉拌** 莴笋的茎和叶子都可直接洗净凉拌，也可以焯水后再焯拌，还可以与其他食材搭配凉拌食用。

▬ 宜忌人群

宜 一般人群均可食用。适宜食欲不振、便秘、胃癌、肝癌、高血压、心脏病、缺铁性贫血等患者及产后少尿、无乳的产妇食用。

忌 寒性体质、脾胃虚寒、痛风、泌尿系统结石、眼疾患者忌食。产妇不宜生食。

▬ 清淡一族推荐佳肴

凉拌莴笋丝

材料：莴笋茎300克，醋适量，盐、香油各少许。

做法：

1.莴笋茎削去皮，洗净，切成细丝，装盘。

2.在莴笋丝中放入盐、醋、香油拌匀即可。

清炒莴笋

材料：莴笋1根，植物油、盐、花椒各少许。

做法：

1.莴笋茎削皮后，与莴苣叶一同浸泡洗净后，叶切段，莴笋茎切薄片备用。

2.油锅烧热，放入花椒爆香后捞起，放入莴笋片，翻炒均匀，再放入莴苣叶，添加少许水，起锅前放入盐，炒匀后即可。

厨房小妙招

莴笋含钠量较高，所以调味的时候要少放盐，以免摄入盐分过多。

豆芽

豆芽是由各种豆类的种子培育出可以食用的"芽菜"，也称"活体蔬菜"，如黄豆芽、绿豆芽、黑豆芽、豌豆芽、蚕豆芽等。豆类在发芽过程中，更多的营养元素被释放出来，更利于人体吸收，营养价值比豆类更胜一筹。

▤ 这样吃清淡又营养

豆芽营养丰富、味道鲜美，所含的热量及脂肪都很低，而膳食纤维含量却很高，是既清淡又减肥的理想蔬菜。

☑ **炒，烧，炝，做汤** 豆芽可单独制成菜肴，也可与猪肉、韭菜等食材搭配做成美味营养的菜肴。挑选时可以采用"一看二闻"的方法，看看豆芽的颜色是否特别雪白，闻闻有没有一些刺鼻的气味，颜色特别雪白和有刺激味道的豆芽建议不要购买。

☑ **凉拌** 豆芽可焯水后直接做菜码，也可与其他蔬菜搭配一起凉拌。

▤ 宜忌人群

宜 一般人群均可食用。适宜坏血病、口腔溃疡、嗜烟酒、肥胖及消化道癌症患者食用。

忌 寒性体质、脾胃虚寒患者忌食。

▤ 清淡一族推荐佳肴

韭菜豆芽炒粉丝

材料：黄豆芽200克，韭菜20克，粉丝50克，葱、姜、蒜、植物油、生抽、盐各少许。

做法：

1.黄豆芽洗净备用；粉丝用清水泡发至软；韭菜摘洗净，切段备用。

2.油锅烧热，放入葱、姜、蒜爆香，倒入黄豆芽翻炒，加入生抽和少许清水，炒至豆芽变软，再放入泡好的粉丝翻炒均匀，粉丝透明后加入韭菜翻炒，韭菜断生后放入盐，炒匀即可。

绿豆芽拌海带

材料：绿豆芽、（鲜）海带各200克，盐、白糖、香油各少许。

做法：

1.海带洗净，放入沸水锅中焯至断生，捞出凉凉，切成5厘米长的丝，放入盆内。

2.绿豆芽摘洗干净，焯水后捞出，用冷开水冲凉，沥干水分后倒入海带丝的盆内，加入盐、白糖、香油，拌匀即成。

> **厨房小妙招**
>
> 放少许白糖可起到提鲜作用，若是糖尿病患者则不宜放糖。

清淡饮食 您吃对了吗

彩 椒

彩椒是甜椒中的一种，因其色彩鲜艳，多色多彩而得名。彩椒中含丰富的维生素A、B族维生素、维生素C、糖类、膳食纤维及钙、磷、铁等矿物质。

这样吃清淡又营养

彩椒不仅脂肪含量低，而且含有的椒类碱能够促进脂肪的新陈代谢，防止体内脂肪积存，是清淡去脂的佳蔬。

☑ **炒，烧，蒸，配菜** 彩椒可单独制成菜肴，也可与其他食材搭配做成美味营养的菜肴。挑选时应注意，新鲜的彩椒大小均匀，色泽鲜亮，闻起来具有瓜果的香味；而劣质的彩椒大小不一，色泽较为暗淡，没有瓜果的香味。

☑ **凉拌，生食** 彩椒可直接当水果生食，也可以搭配其他食材凉拌。

宜忌人群

宜 一般人群均可食用。适宜压力大、易疲劳、抵抗力弱、经常感冒的人群食用。

忌 溃疡、炎症、痔疮、咳喘、咽喉肿痛、热性体质者慎食。

清淡一族推荐佳肴

彩椒玉米炒鸡丁

材料：彩椒3个，鲜玉米粒、鸡脯肉各200克，葱末、姜末、水淀粉、干淀粉、植物油、生抽、盐、料酒各少许。

做法：

1.将彩椒洗净，切小丁；鸡脯肉洗净，切小丁，加料酒、干淀粉、生抽，抓匀后腌10分钟。

2.油锅烧热，下鸡肉丁滑熟，盛出备用。

3.原锅不加油，下葱姜末炝锅，将玉米粒倒入锅中翻炒2~3分钟，加入水略煮，再倒入炒好的鸡肉丁、彩椒丁翻炒，断生后加入盐炒匀，用水淀粉勾薄芡即可。

厨房小妙招

鸡脯肉富含蛋白质，脂肪含量相对较少，与彩椒、嫩玉米搭配，可使营养更全面。

彩椒拌脆藕

材料：彩椒1个，藕1节，盐、橄榄油各少许。

做法：

1.彩椒洗净，切丝。

2.藕去皮、洗净、切丝，焯水断生，捞出过凉、沥水，与彩椒一起装盘，加入橄榄油、盐，拌匀即可。

苦瓜

苦瓜又名凉瓜，是葫芦科苦瓜属植物。苦瓜含有钙、磷、铁、胡萝卜素及多种维生素，尤其是维生素C和维生素B_1的含量高于一般蔬菜。苦瓜性寒，归心、脾、肺经，果味甘苦，主作蔬菜。苦瓜的成熟果肉和假种皮也可食用，根、藤及果实入药，有清热解毒的功效。

这样吃清淡又营养

苦瓜因其味苦而被很多人排斥，其实苦瓜的营养价值极高，尤其是苦瓜中的苦瓜素被誉为"脂肪杀手"，能减少脂肪和多糖的摄入；还含有类似胰岛素的物质——多肽-P，是糖尿病患者的首选蔬菜。

☑ **炒，烧，蒸，配菜** 苦瓜可单独制成菜肴，也可与其他食材搭配食用。

☑ **凉拌，生食** 苦瓜可直接洗净生食，也可以搭配其他食材凉拌。凉拌前，稍用开水过一下，可以减少苦味。但是，食用时要注意不要过量，以免物极必反。

宜忌人群

宜 一般人群均可食用。适宜中暑、上火、糖尿病、癌症患者食用。

忌 孕妇、脾胃虚寒者不宜食用。

清淡一族推荐佳肴

猪肉苦瓜丝

材料：苦瓜300克，瘦猪肉150克，姜、淀粉、植物油、生抽、盐、料酒各少许。

做法：

1.苦瓜洗净，去籽，切丝；瘦猪肉洗净，切丝，加入盐、生油、料酒、淀粉，抓匀后腌制10分钟；姜洗净，切末。

2.炒锅烧热，倒入植物油，油温六成热时，放入肉丝，翻炒至熟，盛出备用。

3.原锅不加油放入姜末炒香，放入苦瓜丝大火快炒，断生后放入炒好的肉丝和盐，翻炒均匀即可。

> **厨房小妙招**
> 苦瓜要快炒，才能更好地保留其中的营养素。

凉拌香橙苦瓜

材料：苦瓜1根，橙子1个，蜂蜜适量。

做法：

1.苦瓜洗净，切段，用勺子挖去瓤。

2.橙子去外皮，切成和苦瓜挖去瓤的内孔一样大小的长条，然后把橙子条塞入苦瓜内，将苦瓜切成厚薄一致的片，码入盘中，淋上蜂蜜即可。

清淡饮食 您吃对了吗

丝 瓜

丝瓜又名棉瓜、菜瓜，是葫芦科攀援藤本植物。丝瓜营养丰富，含钙、磷、铁等矿物质及维生素B₁、维生素C，还有皂苷、植物黏液、木糖胶、丝瓜苦味质、瓜氨酸等多种特殊的营养物质。

▤ 这样吃清淡又营养

丝瓜不仅口味清淡，而且脂肪含量还很低，每100克丝瓜中只含有0.1克，是我们日常餐桌上的清淡美食之一。

✓ **炒，烧，蒸，做馅，煲汤** 丝瓜可单独制成菜肴，也可与西红柿、海产品、肉类、蛋类等其他食材搭配做成营养美味的菜肴。丝瓜汁水丰富，宜现切现做，以免营养成分随汁水流走。烹制丝瓜时，最好去皮，尽量清淡、少油、少盐、少调料，可以最大限度地保留丝瓜香嫩爽口的特点。

✗ **生食** 丝瓜性寒滑，多食易致泄泻，亦不可生食。

▤ 宜忌人群

宜 一般人群均可食用。适宜体质燥热、发热、便秘者及产后乳汁不多的妇女食用。

忌 脾胃虚弱、腹泻、体质较弱的老年人最好少吃。久病不愈的人最好少吃或不吃。

▤ 清淡一族推荐佳肴

丝瓜炖豆腐

材料：丝瓜200克，豆腐100克，葱、植物油、盐各少许。

做法：

1.丝瓜去皮，洗净，切成滚刀块；葱洗净，切成末，放入盘中，备用；豆腐洗净，切成小方块。

2.炒锅烧热，放油烧至六成热，放入葱末，炒出香味后再放入丝瓜，翻炒，炒至丝瓜五分熟，加入豆腐和少量水，改小火炖约10分钟，见豆腐鼓起，汤剩一半时，加盐调味，炒匀后即可出锅。

肉末蒸丝瓜

材料：丝瓜1根，猪肉馅50克，姜蒜末、植物油、盐各少许。

做法：

1.热锅倒入植物油，放入姜蒜末爆香，加入肉馅炒至变色后加盐，炒匀后备用。

2.丝瓜洗净后去皮，切成小段，排入盘中，上锅蒸5分钟，取出后把炒好的肉末浇在蒸好的丝瓜上即可。

> **厨房小妙招**
> 为减少脂肪摄入，最好选用瘦猪肉馅。

清淡饮食 您吃对了吗

西葫芦

西葫芦又名角瓜、西葫，是葫芦科南瓜属植物。西葫芦营养丰富，含钙、磷、铁、钾等矿物质及维生素B$_1$、维生素C，还含有一种干扰素的诱生剂，可刺激机体产生干扰素，提高免疫力，发挥抗病毒和肿瘤的作用。

这样吃清淡又营养

西葫芦中钙和钾的含量极高，脂肪含量极少，且皮薄、肉厚、汁多、口味清淡，可荤可素，可菜可馅，深受人们喜爱。

✓ **炒，烧，蒸，做馅，煲汤** 西葫芦可单独制成菜肴，也可与海产品、肉类、蛋类等其他食材搭配做成营养美味的菜肴。但是烹调时不宜煮得太烂，以免营养损失。

✗ **生食** 西葫芦生食不容易消化，所以不建议大家直接生食。

宜忌人群

宜 一般人群均可食用。适宜体质燥热、发热、水肿腹胀、烦渴、疮毒以及肾炎、肝硬化腹水等患者食用。

忌 脾胃虚弱、容易腹泻的人忌食。

清淡一族推荐佳肴

蒜蓉西葫芦

材料：西葫芦200克，彩椒半个，大蒜、葱、油、蒸鱼豉油各少许。

做法：

1.西葫芦洗净，切3厘米左右宽的段，再改刀切成2毫米左右的长方片；彩椒洗净，切丁；蒜去皮，切末；大葱洗净，切片。

2.炒锅烧热，倒入植物油，油温六成热时，放入葱片翻炒，直至葱变至有点焦黄，去掉葱，将制好的葱油均匀掉在西葫芦盘中，再撒上蒜末、彩椒丁，上锅大火蒸5分钟，取出后淋上蒸鱼豉油即可食用。

厨房小妙招

此菜品使用的蒸鱼豉油中含有盐，不需要另外加盐。

西葫炒鸡蛋

材料：西葫芦300克，鸡蛋2个，葱、植物油、盐各少许。

做法：

1.西葫芦洗净、去瓤、切片；鸡蛋打散，加入少许白开水，搅匀备用。

2.油锅烧热，滑入鸡蛋炒熟，盛出备用。

3.原锅不加油下葱花爆香，倒入西葫芦翻炒至软后，倒入炒熟的鸡蛋、盐，翻炒均匀即可出锅。

清淡饮食 您吃对了吗

平菇

平菇又名侧耳，是一种常见的灰色食用菇。中医认为平菇性温、味甘。具有祛风散寒、舒筋活络的功效。平菇中的蛋白质含量高，而且氨基酸种类十分齐全，尤其是含有人体所必需的8种氨基酸，矿物质含量也十分丰富，还含有平菇素、酸性多糖体等特殊营养物质，对肿瘤细胞有很强的抑制作用，且具有免疫特性，营养价值很高。

这样吃清淡又营养

平菇味道鲜美，口感清爽滑嫩，富含的多种维生素及矿物质，可以改善人体新陈代谢、增强体质、调节自主神经功能，是体弱病人的最佳清淡营养保健食品。

✓ **凉拌** 平菇不可以生食，可以焯水后凉拌。

✓ **炒、烧、煮粥、蒸、涮、做馅、煲汤** 平菇可单独制成菜肴，也可与猪肉、胡萝卜、鸡蛋、莴笋、青椒等食材搭配做成营养美味的菜肴。

宜忌人群

宜 一般人群均可食用。尤其适宜体弱者、更年期妇女及肝炎、消化系统疾病、软骨病、心血管疾病、尿道结石症、癌症患者食用。

忌 有肠胃病、肝肾功能衰竭、肾功能不全、痛风及对食用菌过敏者忌食。

清淡一族推荐佳肴

清炒平菇

材料：平菇400克，葱花、姜片、油、盐各少许。

做法：

1.平菇洗净，撕条，焯水备用。

2.油锅烧热，放入姜片煸香，倒入平菇翻炒，再加入适量的盐、葱花拌匀即可。

平菇炒牛肉

材料：平菇300克，牛肉100克，葱姜末、生抽、料酒、淀粉、花生油、盐各少许。

做法：

1.牛肉洗净，切丝，加盐、生抽、料酒、淀粉抓匀，腌制10分钟；平菇洗净，撕条，焯水。

2.油锅烧热，放入葱姜末爆香，放入牛肉丝煸炒至五分熟，放入平菇翻炒至熟即可。

香菇

香菇，又名花菇、香蕈，是我国特产之一，它含有一种特有的香味物质——香菇精，形成独特的菇香，所以称为"香菇"。香菇是一种高蛋白、低脂肪的菌类食物。香菇香气沁脾，味道鲜美，营养丰富，位列草菇、平菇、白蘑菇之上，素有"菇中之王""蘑菇皇后""蔬菜之冠"的美称。

这样吃清淡又营养

香菇中含有30多种酶和18种氨基酸，人体所必需的8中氨基酸中，香菇就含有7种，因此香菇成为纠正人体酶缺乏症和补充氨基酸的首选清淡食物。

✓ **凉拌** 香菇不可以生食，可以焯水后凉拌。常见的香菇有干、鲜两种，从营养角度讲，干香菇的营养成分比鲜香菇要高很多，而且味道更加浓郁。食用时，用温水泡发即可。

✓ **炒、炖、煮、涮火锅、煲汤（粥）、做馅** 香菇可单独制成菜肴，也可与肉类、蔬果、蛋类等食材搭配做成既营养又美味的菜肴。

宜忌人群

宜 一般人群均可食用。适宜便秘、高血压、高脂血症、动脉硬化、糖尿病、贫血、肥胖、佝偻病、急慢性肝炎、胆结石、肾炎及癌症患者食用。

忌 脾胃虚寒、气滞或皮肤瘙痒病患者忌食。

清淡一族推荐佳肴

芹菜炒香菇

材料：芹菜400克，干香菇6朵，醋、油、盐、淀粉各少许。

做法：

1.芹菜摘洗干净，斜切成片；干香菇用温水泡发，洗净，切片；将醋、淀粉放在一小碗里，加水兑成芡汁备用。

2.油锅烧热，下入芹菜煸炒，加入香菇片翻炒至断生，加盐稍炒，淋入芡汁炒匀即可。

厨房小妙招

香菇本身香味宜人，味道鲜美，所以烹调时就不需要再放味精或鸡精了。

银耳香菇羹

材料：鲜香菇50克，银耳10克，冰糖少许。

做法：

1.银耳泡发，洗净，撕成小朵。

2.香菇洗净，切片，放入锅中，加水煮15分钟，再放入银耳，小火熬煮至稠，加入冰糖调味即可。

金针菇

金针菇，学名毛柄金钱菌，是一种菌藻地衣类，因其菌柄细长，似金针菜，故称金针菇。鲜金针菇富含B族维生素、维生素C、碳水化合物、矿物质、胡萝卜素、多种氨基酸、植物血凝素、多糖、牛磺酸、香菇嘌呤、麦冬甾醇、细胞溶解毒素、冬菇细胞毒素等，营养价值极高。

▤ 这样吃清淡又营养

金针菇味道清淡、鲜美，含有丰富的赖氨酸和精氨酸，且锌的含量比较高，对增强智力尤其是对儿童的身高和智力发育有良好的作用，故被称为"增智菇"。

☑ **凉拌**　金针菇不可以生食，可以焯水后凉拌。

☑ **炒，炝，熘，烧，炖，煮，蒸，做汤或配料**　金针菇的做法很多，可与肉类、海产品、蔬菜、豆制品等食材搭配做成既营养又美味的菜肴。

▤ 宜忌人群

宜　一般人群均可食用。尤其适宜胃肠道炎症及溃疡的患者，气血不足、营养不良的老人和儿童，肥胖、肝脏病、心脑血管疾病及癌症患者食用。

忌　脾胃虚寒、慢性腹泻、关节炎、红斑狼疮患者忌食。

▤ 清淡一族推荐佳肴

蚝油金针菇

材料：金针菇300克，胡萝卜50克，彩椒半个，葱姜末、蚝油、植物油各少许。

做法：

1.金针菇剪去根部，洗净，焯水；胡萝卜、彩椒分别洗净，切丝。

2.油锅烧热，放入葱姜末爆香，放入胡萝卜丝、彩椒丝，炒软放入金针菇翻炒，再加入蚝油，翻炒均匀即可。

厨房小妙招

1.金针菇焯水时间要短，以不超过30秒为宜，以免金针菇过于软烂，损失营养。2.蚝油是咸味的，所以成菜后可不加盐。

凉拌金针菇

材料：金针菇200克，黄瓜150克，香菜1根，香油、醋、盐、花椒各少许。

做法：

1.金针菇去根，洗净，焯熟，捞出后过凉，沥水；黄瓜洗净，切丝。

2.将金针菇、黄瓜丝装盘，放盐、醋。

3.油锅烧热，放入花椒，小火炸香，去花椒后，把油浇在金针菇上，放上香菜，拌匀即可。

黑木耳

黑木耳，又名黑菜，因形似耳，加之其颜色黑褐而得名。黑木耳营养价值很高，含有蛋白质、脂肪、多糖类、膳食纤维、维生素B$_1$、维生素B$_2$、维生素K、烟酸及钙、磷、铁、硫等多种营养素，被营养学家誉为"素中之荤"和"素中之王"。

这样吃清淡又营养

黑木耳历来深受广大人民的喜爱，不仅肉质细腻，脆滑爽口，而且有增加食欲和滋补强身的作用。黑木耳所含的胶质有很强的吸附力，经常食用有助于及时排出体内的废物，是理发、毛纺织、伐木、采矿等行业从业人员不可缺少的清淡保健食品。

✓ **干木耳可拌、炒、烩、煲汤、做馅**

干木耳经过泡发后的做法很多，可焯水后凉拌，也可与豆腐、蘑菇、蔬菜、肉类等食材搭配做成既营养又美味的热菜。

✗ **鲜木耳** 鲜木耳有毒，吃后易引发皮炎。

宜忌人群

宜 一般人群均可食用。适合便秘、缺铁性贫血、心脑血管疾病、结石症患者及矿工、冶金工人、纺织工、理发师食用。

忌 脾虚消化不良、大便稀、出血性疾病、对真菌过敏者及孕妇忌食。

清淡一族推荐佳肴

黑木耳核桃煲豆腐

材料：黑木耳（干）50克，核桃仁20克，豆腐200克，香油、鸡精、盐各少许。

做法：

1.将黑木耳用温水泡发，洗净，撕成小片；豆腐洗净，切小块备用。

2.砂锅中加适量清水，放入豆腐块、黑木耳和核桃肉，大火煮开后改小火煲5分钟，加鸡精、盐调味，淋上香油即可。

厨房小妙招

浸泡干木耳时最好换两到三遍水，这样能最大限度地除掉有害物质。

木耳粥

材料：黑木耳10克，大米100克，红枣10枚。

做法：

1.黑木耳用温水泡发，洗净，撕成小片；大米淘洗干净；红枣洗净，去核。

2.将三者一起放入锅中，加入适量清水煮成粥即可。

清淡饮食 您吃对了吗

苹 果

苹果是最常见的水果之一，含有丰富的碳水化合物、糖类、有机酸、果胶、钙、磷、钾、铁、维生素A、B族维生素、维生素C和膳食纤维，是所有蔬果中营养价值最接近完美的一种，而且其营养成分可溶性大，易被人体吸收，故有"活水"之称。

这样吃清淡又营养

苹果是碱性食品，吃苹果可以迅速中和体内过多的酸性物质（如运动或运动食品以及鱼、肉、蛋等酸性食物在体内产生的酸性代谢产物等），增强体力和抗病能力，还可起到减肥、美容的作用，是男女老幼皆宜的清淡佳果。

✓ **生食** 直接食用、做沙拉、榨汁。苹果皮上可能会有残留的农药，或为保鲜而打的蜡，因此吃苹果时，最好是削了皮再吃。

✓ **熟食** 蒸、煮、炖、煲汤、做苹果茶、苹果派等。

✗ **拔丝** 此法容易使人摄入过多的糖及油脂，也会破坏苹果中的营养，对健康不利。

宜忌人群

宜 一般人群均可食用。尤其适宜消化不良、胃炎、便秘、腹泻、结肠炎、高血压、高脂血症和肥胖患者及婴幼儿和中老年人食用。

忌 冠心病、心肌梗死、肾病、糖尿病患者忌食；胃寒、脾胃虚弱、白细胞减少症、前列腺肥大、溃疡性结肠炎等患者忌食生苹果。

清淡一族推荐佳肴

芹菜苹果汁

材料：芹菜400克，苹果2个。

做法：

1. 芹菜洗净，切碎；苹果洗净，去皮，切小块。

2. 先把芹菜放入榨汁机中榨汁，再放入苹果榨汁，倒入杯子内，混匀后即可饮用。

苹果泥

材料：苹果1个。

做法：

1. 将苹果削皮，洗净，切成小块，装盘。

2. 锅内加水，大火烧开，放入苹果块，中火蒸15分钟至苹果熟烂，捣烂成泥即可。

香蕉

香蕉是我们日常食用的水果之一，营养价值颇高，每100克果肉含碳水化合物20.8克、蛋白质1.4克、脂肪0.2克，此外，还含有膳食纤维、果胶、多种酶类物质、多种微量元素和维生素。其中维生素A能促进生长，增强对疾病的抵抗力，是维持正常的生殖功能和视力所必需的营养素；泛酸等能减轻心理压力，解除忧郁，睡前吃香蕉，还有镇静的作用。

▤ 这样吃清淡又营养

香蕉是淀粉质丰富的有益水果，果肉香甜软滑，备受人们喜爱。因香蕉富含钾元素，使其成为高血压患者的首选水果。

☑ **生食、凉拌、榨汁** 香蕉可去皮直接生食或榨汁，也可以与其他食材一起拌沙拉。

☑ **蒸食、煮粥、香蕉茶、香蕉泥** 香蕉可单独蒸食，也可与鸡蛋、面粉等其他食材搭配食用，或做糕点的配料。

✘ **拔丝、炸香蕉片** 这些吃法容易使人摄入过多的糖及油脂，也会破坏香蕉中的营养，对健康不利。

▤ 宜忌人群

宜 一般人群均可食用。尤其适宜便秘、上消化道溃疡、痔疮、大便带血、咽干喉痛、高血压、冠心病及动脉硬化患者食用。

忌 脾胃虚寒、便溏腹泻、急慢性肾炎及肾功能不全者忌食。

▤ 清淡一族推荐佳肴

香蕉鸡蛋羹

材料：香蕉1根，鸡蛋2个，牛奶100毫升，枸杞少许。

做法：

1.枸杞泡开，洗净；鸡蛋打匀备用；香蕉用勺子压碎，放入鸡蛋液中，再倒入牛奶，加入枸杞，充分搅匀。

2.锅中烧开水，放入备好的混合液，大火蒸10分钟，关火后再闷5分钟即可。

香蕉面饼

材料：香蕉1个，鸡蛋2个，面粉适量，水或鲜奶适量，植物油少许。

做法：

1.鸡蛋打散；香蕉去皮，捣烂，放入鸡蛋液中，再加入面粉、水或鲜奶，搅匀成稀面糊。

2.不粘锅烧热，刷少许油，舀一勺面糊，摊开、摊匀，一面煎熟后翻面，注意火要调小，煎熟后食用即可。

菠萝

菠萝原名凤梨，是著名的热带水果之一。菠萝果实品质优良，营养丰富，含有大量的果糖、葡萄糖、B族维生素、维生素C、磷、柠檬酸和蛋白酶等物质。菠萝的脂肪含量很低，每100克菠萝仅含脂肪0.1克。

这样吃清淡又营养

菠萝含有一种叫"菠萝朊酶"的物质，它能分解蛋白质，帮助消化，尤其是过食肉类及油腻食物之后，吃些菠萝可以预防脂肪沉积，是备受人们喜爱的清淡水果。

✓ **鲜食** 菠菜可以直接食用，也可以做果汁、果茶或沙拉。但是，菠萝中的苷类物质和菠萝蛋白酶会对口腔黏膜产生刺激，所以，吃前最好将菠萝肉切成块，放在稀盐水中浸泡一会儿再吃。

✓ **炒、炖、蒸、焗、做糕点** 菠萝可以与鸡肉、猪肉、白萝卜等食材搭配做成美味菜肴，也可以做蛋糕、面包、派、月饼等风味小吃的馅料。

宜忌人群

宜 一般人群均可食用。尤其适宜食欲不振、消化不良、便秘、高血压、高脂血症、支气管炎、水肿、皮肤干裂、肥胖等患者食用。

忌 过敏体质者忌食；溃疡病、肾脏病、肺结核、发热、湿疹、疥疮及有凝血功能障碍的患者，均应忌食。

清淡一族推荐佳肴

菠萝鸡片

材料：菠萝250克，鸡胸肉60克，植物油、盐各少许。

做法：

1.将菠萝去皮、洗净，切片；鸡胸肉洗净，切片。

2.油锅烧热，下鸡肉片炒白，放入菠萝片炒至鸡肉片熟透，加盐调味即可。

> **厨房小妙招**
> 此菜是偏甜的，菠萝的甜度足够支撑菜品味道，所以少放盐才能使口感更好。

菠萝饭

材料：菠萝1个（500克），大米150克，葡萄干、枸杞各10克。

做法：

1.大米洗净，蒸熟，凉凉；将菠萝的外皮洗净，顶部切掉一小块当盖子，挖空里面的菠萝肉；枸杞、葡萄干分别泡发、洗净。

2.将所有食材拌匀，装入菠萝壳中压实，然后盖上切下来的菠萝盖子，放入蒸锅中隔水蒸15分钟即可。

清淡饮食您吃对了吗

草莓

草莓又名红莓，是蔷薇科草莓属多年生草本植物，是我们春天常食的一种水果。草莓富含氨基酸、糖分、有机酸、果胶、胡萝卜素、维生素C、维生素B_1、维生素B_2、烟酸及钙、镁、磷、钾、铁等矿物质，对儿童的生长发育有很好的促进作用，对老年人的健康亦很有益。

这样吃清淡又营养

草莓果肉多汁，酸甜适口，且含有特殊的浓郁水果芳香，维生素C含量非常高，营养价值和经济价值都很高，有"水果皇后"之称。

✓ **鲜食** 草莓洗净可以直接食用，也可以做果汁或沙拉。草莓不去叶头，放入水中浸泡5分钟，可让大多数的农药随着水溶解，而后去掉叶子，放入淡盐水中泡5分钟，再用清水冲洗，即可食用。

✓ **焗、做馅** 草莓可以做蛋糕、面包、派、月饼等风味小吃的馅料，也可以榨汁后做直接做点心等。

✗ **做果酱、罐头、果脯、冰激凌等** 这些方法容易使人摄入过多的糖，对健康不利。

宜忌人群

宜 一般人群均可食用。尤其适宜风热咳嗽、咽喉肿痛、声音嘶哑者、夏季烦热口干者食用。

忌 痰湿内盛、肠滑便泻者、尿路结石病人不宜多食。

清淡一族推荐佳肴

草莓苹果汁

材料：草莓200克，苹果300克。

做法：

草莓、苹果分别洗净，切块，一起放入果汁机中，搅打均匀即可饮用。

草莓酸奶

材料：草莓8个，酸奶1盒。

做法：

将草莓放入淡盐水中浸泡5分钟，再用流动的水冲洗干净，控干水分，切成四瓣，然后与酸奶混合，一起放入用打碎机中打碎即可。

厨房小妙招

1.最好用稍微稠一点的酸奶，这样打出来的草莓酸奶才不会太稀。2.打碎的草莓在酸奶里非常容易氧化，所以一定要现做现吃，而且一次要吃完。

清淡饮食 您吃对了吗

葡萄

葡萄是葡萄科葡萄属木质藤本植物。葡萄的营养价值很高，含有糖、钙、钾、磷、铁等矿物质以及维生素B$_1$、维生素B$_2$、维生素B$_6$、维生素C和维生素PP等多种维生素，还含有多种人体所需的氨基酸，有"植物奶"的美誉。

▓ 这样吃清淡又营养

葡萄的果肉口感甘甜，葡萄藤和葡萄籽均可入药。葡萄中的糖分以葡萄糖为主，易被人体直接吸收，所以身体虚弱、营养不良的人，多吃些葡萄，有助于恢复健康。

✓ **鲜食** 葡萄洗净可以直接食用，也可以做果汁或沙拉，还可以风干制作成葡萄干。清洗葡萄时应逐个剪下来后再开始清洗。

✓ **酿酒** 葡萄酒通常分红葡萄酒和白葡萄酒两种。前者是红葡萄带皮浸渍发酵而成的，后者是葡萄汁发酵而成的，因此红葡萄酒的抗病毒能力比白葡萄酒要强。适量饮用红葡萄酒能够预防高血压、心脏病等心血管疾病。

✗ **做果酱、果脯、罐头等** 这些方法容易使人摄入过多的糖，对健康不利。

▓ 宜忌人群

宜 一般人群均可食用。尤其适宜身体虚弱、营养不良、胃虚呕吐、神经衰弱、过度疲劳、贫血、血管硬化、肾炎、高血压及癌症患者食用。

忌 糖尿病、便秘、脾胃虚寒者应少食或不食。

▓ 清淡一族推荐佳肴

芹菜葡萄汁

材料：葡萄400克，芹菜5棵。

做法：

1.将葡萄洗净，去梗；芹菜洗净，切碎。

2.把葡萄、芹菜一起放入榨汁机中榨成汁，充分搅匀即可。喝的时候可用水稀释。

厨房小妙招

洗葡萄时，可在水中倒入一大汤匙面粉，搅拌均匀后，把葡萄浸泡在面粉水里，静置2分钟之后，用手拎着葡萄的柄，在水中轻轻摆动1~2分钟，然后在流水下冲洗干净就可以放心地食用了。

葡萄甘蔗汁

材料：葡萄200克，甘蔗1根。

做法：

1.将葡萄洗净，去梗，备用。

2.将甘蔗加水榨汁，滤取汁液。

3.将葡萄放入搅拌机，倒入甘蔗汁一起搅碎，滤汁，即可。

荔枝

荔枝又名荔支、荔果，是无患子科植物荔枝的果实。荔枝味甘、酸、性温，入心、脾、肝经，具有补脾益肝、理气补血、温中止痛、补心安神的功效。荔枝肉的营养价值很高，富含糖、蛋白质、胡萝卜素、维生素B_1、维生素B_2、维生素C、叶酸、柠檬酸、苹果酸、钙、磷、铁等营养素，为"南国四大果品"之一。

这样吃清淡又营养

荔枝果肉呈半透明凝脂状，味道香美，其丰富的维生素可促进微细血管的血液循环，防止雀斑的发生，令皮肤更加光滑，是女性朋友的清淡养颜佳品。荔枝性热，成年人每天吃荔枝一般不要超过300克，儿童一次不要超过5枚。

✓ **鲜食** 荔枝可剥皮后直接食用，也可榨汁、做沙拉，也可做成荔枝干食用或者入药。不要空腹吃荔枝，最好在饭后半小时食用，因为荔枝中含有大量的天然葡萄糖，过量食用易引起"荔枝病"。

✓ **拌、炒、煮粥、煲汤** 荔枝入菜，可与银耳、枸杞、瘦肉、丝瓜、海鲜等搭配，其中最适合的就是海鲜，因为海鲜的寒性恰好可以中和荔枝的热性。

✕ **做果酱、果脯、罐头等** 这些方法容易使人摄入过多的糖，对健康不利。

宜忌人群

宜 一般人群均可食用。尤其适宜体质虚弱、病后津液不足、贫血、腹泻、胃寒疼痛、口臭、脾虚泄泻或老年人五更泻的患者食用。

忌 热证、出血病、孕妇、儿童、糖尿病、长青春痘、生疮、伤风感冒或有急性炎症的患者应少食或不食。

清淡一族推荐佳肴

荔枝西瓜汁

材料：荔枝50克，西瓜瓤100克。

做法：荔枝去皮、去核；西瓜瓤去籽，然后与荔枝肉一起放入搅拌机中，榨成汁即可。

厨房小妙招

西瓜性寒，可中和荔枝的热性。

荔枝银耳汤

材料：荔枝5个，银耳20克，枸杞少许。

做法：

1.荔枝去皮、去核；银耳水发后去蒂，洗净，撕成小朵。

2.将银耳、枸杞子一起放入锅中加水炖煮1小时，再放入荔枝肉，继续炖30分钟即可。

清淡饮食 您吃对了吗

91

樱桃

樱桃又叫车厘子、樱珠等，因成熟期早，故有"早春第一果"的美誉。樱桃含有丰富的蛋白质，维生素A、B族维生素、维生素C，还有钾、钙、磷、铁等多种矿物质，尤其是含铁量高，位于各种水果之首，最适宜贫血患者食用。

这样吃清淡又营养

樱桃是低热量、高纤维食物，味道鲜美，营养丰富，具有很高的医疗保健价值，是药食两用的佳果。

☑ **鲜食** 樱桃洗净后可直接食用，也可榨汁、做沙拉或做糕点的配料。

☑ **凉拌、炖、煮粥、煲汤等** 可与冬菇、小萝卜、虾仁、鸡肉等食材搭配入菜。

☒ **做果酱、果脯、罐头、蜜饯、果冻、冰激凌等** 这些方法容易使人摄入过多的糖，对健康不利。

宜忌人群

宜 一般人群均可食用。尤其适宜脾胃虚寒、便溏腹泻、食欲不振、贫血、乏力者和痛风、关节炎、风湿腰腿痛、慢性肝炎的患者食用。

忌 热性病、虚热咳嗽、便秘、溃疡病等患者应忌食；肾功能不全、少尿、糖尿病患者要慎食。

清淡一族推荐佳肴

樱桃草莓汁

材料：樱桃、草莓各200克。

做法：

1.樱桃洗净，去核。

2.草莓用淡盐水浸泡5分钟，再用活水冲洗干净，然后与樱桃一起放入搅拌机中，榨成汁即可。

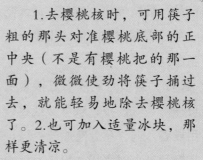

厨房小妙招

1.去樱桃核时，可用筷子粗的那头对准樱桃底部的正中央（不是有樱桃把的那一面），微微使劲将筷子捅过去，就能轻易地除去樱桃核了。2.也可加入适量冰块，那样更清凉。

冬菇樱桃

材料：水发冬菇80克，鲜樱桃100克，豌豆苗50克，姜汁、油、生抽、盐、水淀粉各少许。

做法：

1.水发冬菇洗净，切块；鲜樱桃洗净，去核；豌豆苗摘洗干净，切段。

2.油锅烧热，放入冬菇煸炒，加入姜汁炒匀，再加入生抽和适量清水，大火烧沸后，改为小火煨烧片刻，再放入豌豆苗，炒匀后用水淀粉勾芡，然后放入樱桃，撒盐炒匀即可。

猕猴桃

猕猴桃也称奇异果、藤梨，因果皮覆毛，貌似猕猴而得名。猕猴桃除含有猕猴桃碱、蛋白水解酶、单宁果胶和糖类等有机物，以及钙、钾、硒、锌、锗等微量元素和人体所需17种氨基酸外，还含有丰富的维生素C、葡萄酸、果糖、柠檬酸、苹果酸，具有极高的营养保健价值。

这样吃清淡又营养

猕猴桃的营养丰富、全面，尤其是维生素C含量很高，被誉为"维生素C之王"，脂肪含量低且无胆固醇，是最宜食用的清淡保健佳果。

✓ **鲜食** 猕猴桃去皮后可直接食用，也可榨汁、做沙拉或做糕点的配料。猕猴桃最好在饭后吃，它含有的大量蛋白酶可以帮助消化。

✓ **煮粥、做羹** 可与大米、山药、燕麦、西瓜、玉米等食材搭配食用。

✗ **做果酱、果脯、罐头、蜜饯、果冻等** 这些方法容易使人摄入过多的糖，对健康不利。

宜忌人群

宜 一般人群均可食用。尤其适宜便秘、食欲不振、消化不良、反胃呕吐、癌症、心血管疾病患者、孕妇及航空、高原、矿井等特种工作人员食用。

忌 脾胃虚寒、腹泻、尿频、疟疾、慢性胃炎、风寒感冒、先兆性流产、月经过多、痛经、闭经、小儿腹泻等患者忌食。

清淡一族推荐佳肴

猕猴桃酸奶

材料：猕猴桃3个，酸奶1杯。

做法：将猕猴桃洗净，去皮，切丁，与酸奶混合，拌匀后即可。

厨房小妙招

一定要选成熟的猕猴桃，因为坚硬状态的猕猴桃不但糖分很低、果实酸涩，而且其中还含有大量蛋白酶，会分解舌头和口腔黏膜的蛋白质，引起不适感。

猕猴桃西米粥

材料：猕猴桃200克，西米100克。

做法：

1. 将西米洗净，浸泡30分钟后沥干，待用；将猕猴桃去皮，切成豆粒大小的块。

2. 在锅中加入适量清水，放入西米，煮至米烂，再放入猕猴桃肉块，稍煮即可。

清淡饮食 您吃对了吗

柑橘

柑橘是橘、柑、橙、金柑、柚、枳等的总称，属芸香科下属植物。柑橘类水果所含有的人体保健物质已分离出30余种，其中主要有：类黄酮、单萜、香豆素、类胡萝卜素、类丙醇等。柑橘可谓全身是宝，其果肉、皮、核、络均可入药。橘子的外果皮晒干后叫"陈皮"，而橘瓣上面的白色网状丝络，叫"橘络"，含有一定量的维生素PP，是药食两用的佳品。

▇ 这样吃清淡又营养

柑橘酸甜可口多汁，备受人们喜爱。但需注意，柑橘虽然好吃，但每天别超过3个，因为柑橘含有叶红质，如果一次食用过多，会引起"橘黄症"。

✓ **果肉直接食用** 柑橘果肉可直接食用，也可榨汁、做沙拉或蛋糕的配料。

✓ **拌、炒、蒸、煮、炖等** 柑橘可与银耳、酸奶、白果、薏米、薄荷等搭配食用。

✗ **做果酱、罐头、蜜饯、果冻等** 这些方法容易使人摄入过多的糖，对健康不利。

▇ 宜忌人群

宜 一般人群均可食用。尤其适宜食欲不振、消化不良、慢性支气管炎、咳嗽、痰多气喘、糖尿病及心脑血管疾病患者食用。

忌 脾胃虚寒、腹泻、风寒咳嗽、痰饮咳嗽者忌食。

▇ 清淡一族推荐佳肴

柑橘白果银耳汤

材料：银耳1大朵，柑橘2个，白果（干）20克。

做法：

1.银耳用温水泡发，洗净，撕成小朵；柑橘去皮分成小瓣，橘皮洗净切成细丝；白果去壳。

2.将银耳放入锅中，加入适量水，大火煮开转中火，加入白果仁煮30分钟，再加入橘瓣、橘皮，继续煮5分钟即可关火。

> **厨房小妙招**
> 柑橘和橘皮一定要后放，才能起到止咳作用。

杂果酸奶沙拉

材料：柑橘1个，火龙果、木瓜、苹果、石榴各半个，圣女果5个，彩椒1个，柠檬少许，酸奶适量。

做法：

1.将所有水果洗净、去皮，切丁；石榴取籽；彩椒洗净，切块。

2.所有食材与酸奶混合拌匀即可。

梨

　　梨是蔷薇科梨属的植物，是"百果之宗"，味甘微酸、性凉，入肺、胃经，具有生津润燥、清热化痰、解酒的作用。梨中含有大量的糖、碳水化合物和维生素A、胡萝卜素、维生素B_1、维生素B_2、尼克酸、抗坏血酸等多种维生素，以及钙、磷、铁等矿物质，具有很高的营养保健价值。

▤ 这样吃清淡又营养

　　梨中富含的膳食纤维和木质素能润肠通便，并有利于胆固醇的代谢，因其鲜嫩多汁、酸甜适口，所以又有"天然矿泉水"之称。

　　✓ **鲜食**　梨洗净后可直接食用，也可榨汁、做沙拉等，还可晒制成果干。

　　✓ **蒸，煮，熬粥或汤羹**　梨可入菜，又可入药，可与银耳、大米、川贝、陈皮、红枣等食材搭配食用。

　　✗ **做果酱、罐头等**　这些方法容易使人摄入过多的糖，对健康不利。

▤ 宜忌人群

宜　一般人群均可食用。尤其适宜咳嗽痰稠或无痰、咽喉发痒干疼、高血压、心脏病、便秘、饮酒者以及播音、演唱、教师等经常用嗓的人食用。

忌　脾胃虚寒、脾虚便溏、慢性肠炎、胃寒、外感风寒咳嗽、手脚发凉、女性月经期、寒性痛经者及产妇忌食；夜尿频者少食；糖尿病患者慎食。

▤ 清淡一族推荐佳肴

陈皮雪梨汤

材料：梨1个，陈皮10克。

做法：

1.梨洗净、去皮、去核、切块；陈皮洗净。

2.将梨块、陈皮一起放入锅中，加入适量清水，大火煮沸后转小火煲煮20分钟，滤汁即可。

> **厨房小妙招**
> 为加强生津化痰止咳的作用，可少加些冰糖。

银耳白果雪梨盅

材料：雪梨2个，银耳、干白果各20克，冰糖少许。

做法：

1.白果去壳洗净，用清水浸泡；冰糖砸碎；银耳泡发、洗净，撕成小朵；雪梨洗净，切去顶端挖空果肉。

2.将银耳、白果、冰糖填入梨腹中，上锅蒸45分钟即可。

清淡饮食 您吃对了吗

芒 果

芒果又称杧果、檬果，有"热带水果之王"的美称，营养价值高，富含糖、蛋白质、粗纤维、维生素A、维生素C及硒、钙、磷、钾、铁等人体必需的营养素，尤其是维生素A的前体胡萝卜素含量特别高，是所有水果中少见的。

▨ 这样吃清淡又营养

芒果肉质细腻，气味香甜，其中的芒果酮酸、异芒果醇酸等三醋酸和多酚类化合物，具有抗癌作用，可预防癌症，也适宜癌症手术后的患者调养食用；维生素C则可降低胆固醇、甘油三酯，有利于防治心血管疾病，是适宜经常食用的清淡营养佳果。

✓ **鲜食** 芒果去皮后可直接食用，也可榨汁，做沙拉、糕点等，还可晒制成果干。

✓ **炒食，蒸饭，煮粥，煲汤羹** 可与大米、糯米、虾仁、鸡肉等搭配食用。

✕ **做果酱、罐头、蜜饯、盐渍或酸辣泡菜等** 这些方法容易使人摄入过多的糖和盐，对健康不利。

▨ 宜忌人群

宜 一般人群均可食用。尤其适宜月经过少或闭经的女性、性功能减退的男性、眩晕症、因高血压而头晕、咳嗽、气喘、牙龈出血的患者食用。

忌 过敏体质者及患有皮肤病、肿瘤、肾炎、糖尿病的人最好不吃。

▨ 清淡一族推荐佳肴

芒果红茶

材料：芒果1个，红茶包1个。

做法：

1.芒果去皮，切块，放入锅中，加入适量的清水煮15分钟。

2.放入红茶包，再煮2分钟，过滤后即可饮用。

芒果炒虾仁

材料：芒果1个，虾仁150克，彩椒1个，葱姜末、植物油、淀粉、盐、料酒、鸡精各少许。

做法：

1.芒果去皮，切块；彩椒洗净，切成滚刀块，焯水备用；虾仁洗净，加入盐、料酒，抓匀后腌制10分钟。

2.油锅烧热，下入葱姜末煸炒出香味，倒入虾仁，炒至变色后放入彩椒，用旺火炒匀，再放入芒果，炒匀后加鸡精调味即可。

厨房小妙招

腌制虾仁的时候已放入盐了，所以成菜后加点鸡精就可以了。

清淡饮食 您吃对了吗

西瓜

西瓜又称寒瓜，属葫芦科植物。中医认为，西瓜味甘性寒凉，具有清热生津、解暑止渴的作用，被称为"天然白虎汤"。西瓜含有大量葡萄糖、苹果酸、果糖、蛋白氨基酸、番茄素及丰富的维生素C等物质，清爽解渴，味道甘味多汁，是盛夏消夏解渴的佳果。

这样吃清淡又营养

西瓜果皮、果肉、种子都可食用，果肉含有93%以上的水分，所含热量较低，且不含脂肪和胆固醇；西瓜皮富含维生素C、维生素E，具有清热解暑、美容养颜等作用；西瓜子则富含不饱和脂肪酸，可降低胆固醇，预防心脑血管疾病，对人体益处很多。

⊘ **鲜食** 去皮去籽后的果肉可直接食用，也可榨汁、做沙拉等。西瓜子可以生食或炒食。

⊘ **炒，蒸，煮** 西瓜皮被中医称为"西瓜翠衣"，可入菜，与肉类、海产品等食材一同制作出美味营养的菜肴。

宜忌人群

宜 一般人群均可食用。尤其适宜慢性肾炎、高血压、胆囊炎、水肿、中暑、暑热口干、多汗、口疮等患者食用。

忌 小便频繁、量多者及慢性肠炎、胃炎、胃及十二指肠溃疡者应少吃；糖尿病患者慎食；脾胃虚寒、湿盛便溏者忌食。

清淡一族推荐佳肴

西瓜莲子羹

材料：西瓜300克，莲子30克，淀粉少许。

做法：

1.莲子用温水浸泡30分钟；西瓜去皮，果肉切成1厘米的厚片；淀粉加水调成淀粉浆备用。

2.锅中加水，放入莲子，用中火煮至莲子熟透，再倒入淀粉浆，将汤汁熬至黏稠，莲子可悬浮起来即可。

3.将稠汤盛入碗内，放入西瓜肉即可食用，冰冻后效果更佳。

> **厨房小妙招**
> 因西瓜含糖量较高，所以不需要再加冰糖了。

西瓜沙冰

材料：西瓜半个，冰块适量。

做法：将西瓜瓤挖成小块，去子，和冰块一起倒入料理机中，搅打成沙冰，装杯，即可。

清淡饮食 您吃对了吗

核桃，又称胡桃，为胡桃科植物，是深受老百姓喜爱的坚果类食物。核桃味甘、性温，可补肾、固精强腰、温肺定喘、润肠通便。核桃含有丰富的蛋白质、脂肪、碳水化合物，并含有人体必需的钙、磷、铁等多种矿物质，以及胡萝卜素、维生素B_2等多种维生素，具有很高的营养保健价值。

这样吃清淡又营养

核桃的主要成分为优质易吸收的脂肪与蛋白质，而且还有大量亚油酸或亚麻酸等不饱和脂肪酸，能够去除附着于血管壁上的胆固醇，起到延缓衰老的作用，因此被誉为"万岁子""长寿果"。但是，核桃较油腻，一次不要吃得太多，否则会影响消化。

✓ **生食**　核桃去壳后可直接食用，也可作为面包、饼干等点心的配料。

✓ **炒，蒸，煲粥**　核桃可入菜，可与蛋类、蔬果类、海产品等食材一起做成营养美味的菜肴。

宜忌人群

宜　一般人群均可食用。尤其适宜肾虚、肺虚、神经衰弱、气血不足、癌症等患者及脑力劳动者、青少年食用。

忌　腹泻、阴虚火旺、痰热咳嗽、便溏腹泻、素有内热及痰湿重者均不宜服用。

清淡一族推荐佳肴

黑木耳核桃煲豆腐

材料：核桃仁50克，水发黑木耳100克，豆腐200克，香油、鸡精、盐各少许。

做法：

1.将黑木耳、豆腐分别洗净，切小块备用。

2.砂锅中加入适量清水，放入豆腐块、黑木耳和核桃仁，大火煮开后改小火煮5分钟，加鸡精、盐调味，淋上香油即可。

厨房小妙招

食用时为保存营养，不宜剥掉核桃仁表面的褐色薄皮。

核桃胡萝卜饮

材料：核桃仁50克，大米100克。

做法：核桃仁捣碎，大米淘洗干净，二者一起放入锅中，加入适量清水，大火煮沸后，转小火煮至米烂粥稠即可。

清淡饮食 您吃对了吗

芝 麻

芝麻，又名脂麻、胡麻，是胡麻的籽种，一年生直立草本植物。芝麻味甘，性平，能补肝肾、益精血、润肠燥，自古以来就被认为是延年益寿的佳品。芝麻含有大量的脂肪、蛋白质、维生素A、B族维生素、维生素E、尼克酸、卵磷脂及钙、铁、磷、镁等营养成分，被称为"永葆青春的营养源"。

▤ 这样吃清淡又营养

芝麻中富含亚油酸、亚麻酸等不饱和脂肪酸，经常食用芝麻，不但不会升高血脂，还能减少肠道对胆固醇的吸收，是老少皆宜的清淡滋补品。

☑ **生食** 生芝麻可榨芝麻油、磨芝麻酱食用，芝麻也可用作烹饪原料，如作糕点、烧饼等的食品配料。

☑ **炒，蒸，煲粥** 芝麻可作菜肴辅料，可与肉类、蔬果类、海产品等食材一起做成营养美味的菜肴。

▤ 宜忌人群

宜 一般人群均可食用。尤其适宜肝肾不足所致的眩晕、眼花、视物不清、腰酸腿软、耳鸣耳聋、发枯发落、头发早白者，妇女产后乳汁缺乏者，身体虚弱、贫血、高脂血症、高血压病、老年哮喘、肺结核患者，以及荨麻疹、习惯性便秘者等患者食用。

忌 慢性肠炎、便溏腹泻者忌食。

▤ 清淡一族推荐佳肴

芝麻土豆丝

材料：土豆250克，芝麻10克，大蒜、植物油、盐、鸡精、醋各少许。

做法：

1.土豆去皮，洗净，切丝，放沸水中焯熟，捞出过凉，装盘。

2.油锅烧热，下芝麻炒香，捞出备用。

3.大蒜去皮，切末，与盐、鸡精、醋一同放在土豆丝上，拌匀后撒芝麻即可。

何首乌芝麻茶

材料：制何首乌3克，黑芝麻10克。

做法：

1.制何首乌洗净，放入砂锅中，加入适量清水，大火煮沸后，转小火煮20分钟，滤渣取汁。

2.黑芝麻放入炒锅中，不加油炒熟，打碎，放入何首乌煎液中，搅匀后即可饮用。

腰 果

腰果又名鸡腰果、介寿果，因形状类似于肾而得名。腰果含有丰富的蛋白质、脂肪、碳水化合物、维生素A、B族维生素、维生素E、烟酸及钙、磷、铁、钾、镁等多种矿物质，具有很高的营养保健价值。

▬ 这样吃清淡又营养

腰果营养丰富，味道香甜，其脂肪主要是单不饱和脂肪酸，可降低血中胆固醇、甘油三酯和低密度脂蛋白含量，增加高密度脂蛋白含量，是健康滋补的佳品。

✓ **直接食用** 熟腰果可当零食食用，但腰果含油脂多，故不宜一次食用过多，以免影响消化。

✓ **炒，蒸，煲粥，做糕点** 腰果可作菜肴主料，可与肉类、蔬果类、海产品等食材搭配食用，也可用于制作各种糕点。

✗ **油炸、盐渍** 这两种方法都会摄入大量的油脂和盐，对健康不利。

▬ 宜忌人群

宜 一般人群均可食用。尤其适宜腰酸腿软、耳鸣耳聋、发枯发落、头发早白者，及身体虚弱、贫血、高脂血症、高血压、习惯性便秘等患者食用。

忌 胆功能严重不良、肠炎、腹泻、痰多患者忌食；肥胖、过敏体质者慎食。

▬ 清淡一族推荐佳肴

腰果炒鸡丁

材料：腰果200克，鸡腿1个，彩椒1个，鸡蛋1个，姜、蒜各适量，植物油、盐、料酒、淀粉各少许。

做法：

1.鸡蛋取蛋清；鸡腿肉洗净，去骨，切成方丁，加入蛋清、盐、淀粉，抓匀腌制15分钟；姜切丝，蒜切片；彩椒洗净，切块备用。

2.锅里放少许油，凉油就放入腰果，小火慢慢加热炒熟，取出备用。

3.油锅烧热，放入姜丝、蒜片爆香，放入鸡丁滑散，炒至变色，放入彩椒翻炒，断生后放入腰果翻炒均匀，最后加盐、料酒调味即可出锅。

腰果小米粥

材料：小米100克，腰果50克。

做法：将腰果打碎，小米淘洗干净，二者一起放入锅中，加入适量清水煮成粥即可。

杏仁

杏仁是蔷薇科杏的种子，分为甜杏仁和苦杏仁，我们日常主要食用的是甜杏仁，苦杏仁有毒性，以入药为主，在选购时应注意。杏仁主要含有蛋白质、脂肪、糖、微量苦杏仁苷及维生素C、维生素E、镁、钙、钾等营养素，具有较高的食疗保健价值。

这样吃清淡又营养

杏仁口感清淡、滋润，还含有丰富的黄酮类和多酚类成分，不但能够降低人体内胆固醇的含量，还能显著降低心脏病和很多慢性病的发病危险，是清淡营养的保健佳品。

✓ **甜杏仁可生食，炒，蒸，煮粥，煲汤**　甜杏仁可以直接食用；炒熟可当零食食用，也可与肉类、蔬菜、海产品等食材搭配食用；还可作面包、蛋糕、曲奇等糕点的配料。

✓ **苦杏仁不可生食**　苦杏仁有小毒，在食用前必须先在水中浸泡，并加热煮沸，以减少其中的有毒物质。且一次服用不可过多，每次以不高于9克为宜。

宜忌人群

宜　一般人群均可食用。尤其适宜有呼吸系统症状的人、癌症患者以及术后放化疗期间食用。

忌　婴儿慎食；阴虚咳嗽及泄痢便溏者忌食。

清淡一族推荐佳肴

银耳杏仁鸽蛋羹

材料：杏仁10克，银耳50克，鸽蛋20个，植物油、盐、料酒、鸡精、水淀粉各少许。

做法：

1.将杏仁加水煮20分钟备用；银耳用温水泡发，去根，撕成小朵。

2.鸽蛋洗净，打入碗中，搅散，放入银耳，上锅蒸熟。

3.油锅烧热，加入水、盐、料酒、鸡精和杏仁，煮开后用水淀粉勾芡，再将调好的浓汤汁浇在鸽蛋上即可。

杏仁豆浆

材料：黄豆70克，甜杏仁20克。

做法：

1.杏仁、黄豆分别洗净，黄豆用清水浸泡4小时。

2.将泡好的黄豆与杏仁一同放入豆浆机中，榨成汁即可。

清淡饮食 您吃对了吗

松子

松子又称海松子，是松树的种子。松子营养丰富，富含脂肪、蛋白质、碳水化合物、叶酸、维生素E等多种营养素，有很高的食疗保健价值。在中医学里，松子也是一味很重要的中药，味甘，性微温，经常食用可滋润皮肤、强筋健骨、延年益寿，被誉为"长寿果"。

这样吃清淡又营养

松子中的脂肪成分是油酸、亚油酸等不饱和脂肪酸，有很好的软化血管的作用，是中老年人的理想保健食物。松子中的维生素E、磷含量丰富，对大脑和神经有补益作用，是学生和脑力劳动者的健脑佳品，对老年性痴呆症也有很好的预防作用。

✓ **炒，蒸，煮粥，煲汤，做点心** 松子可作糕点，也可做点心的馅料。松子还可作菜肴辅料，与海产品、蔬果类、肉类等食材一起做成营养美味的菜肴。

✗ **油炸** 松子用油炸更酥脆，但容易摄入大量油脂，故不宜采用。

宜忌人群

宜 一般人群均可食用。尤其适宜老年体质虚弱、大便干结、心脑血管疾病患者，以及慢性支气管炎久咳无痰之人食用。

忌 便溏、精滑、咳嗽痰多、腹泻者忌用；因含油脂丰富，所以胆功能严重不良者应慎食。

清淡一族推荐佳肴

松子什锦丁

材料：松子、虾仁各50克，彩椒1个，豌豆100克，生菜1棵，黑胡椒粒、橄榄油、盐各少许。

做法：

1.豌豆洗净，焯熟；虾仁去背部泥肠，汆烫至熟，切丁；彩椒洗净，切丁。

2.炒锅不加油，放入松子仁小火炒香盛出备用。

3.油锅烧热，放入彩椒丁、豌豆、虾仁丁翻炒片刻，加入适量黑胡椒粒、盐调味，再倒入之前炒好的松仁，炒匀即可出锅，用生菜包食即可。

松子仁粥

材料：松子仁25克，大米100克。

做法：将大米用清水洗净，放入锅中，加入适量清水，与松子仁一起煮至粥黏稠即可食用。

栗子

栗子又名板栗，是我国特产，素有"干果之王"的美誉，在国外它还被称为"人参果"。栗子味甘平，性温，有养胃健脾、补肾强筋、活血止血的作用。栗子中富含碳水化合物、蛋白质、脂肪、维生素B_1、维生素B_2、维生素C、膳食纤维、单宁酸、胡萝卜素以及磷、钙、钾、铁等营养元素，具有很高的营养保健价值。

这样吃清淡又营养

栗子中所含的丰富的不饱和脂肪酸和维生素、矿物质，能防治高血压病、冠心病、动脉硬化、骨质疏松等疾病，是抗衰老、延年益寿的滋补佳品。但不宜一次吃太多，以免摄入过多的热量，不利于保持体重。

✓ **煮，蒸，煨，煮粥，煲汤，做点心**
栗子可煮熟当零食吃，也可搭配大米、龙眼、薏米、白菜、鸡肉等食材制作菜肴，还可煮熟或磨粉后制作糕点。

✓ **油炸、糖炒**　这两种做法容易使人摄入大量油脂和糖分，故不宜采用。

宜忌人群

宜　一般人群均可食用。尤其适宜中老年人肾虚、腰酸腰痛、腿脚无力、小便频多、气管炎咳嗽、泄泻、骨质疏松、高血压、冠心病、动脉硬化等患者食用。

忌　脾胃虚弱、消化不良及风湿病患者不宜多食；糖尿病患者忌食。

清淡一族推荐佳肴

栗子焖排骨

材料：猪排骨500克，栗子（鲜）200克，大蒜、玉米淀粉各10克，盐、酱油、香油、花生油、料酒各少许。

做法：

1.排骨洗净，斩成小块，用盐、酱油、淀粉、香油、料酒腌2个小时。
2.油锅烧热，爆香蒜头，放排骨一起翻炒，等排骨炒到5分熟，加入栗子继续翻炒，再加适量水焖煮15分钟，直至排骨和栗子熟透，酥软，即可出锅。

栗子粥

材料：栗子肉50克，大米100克。

做法：栗子肉碾碎；大米淘洗干净，与栗子一起放入锅中，加入适量清水煮成粥即可。

花生

花生原名落花生，又名长生果、果仁等，是蔷薇目豆科一年生草本植物。花生果实含有蛋白质、脂肪、糖类、维生素A、B族维生素、维生素E、维生素K、叶酸、卵磷脂、胆碱、钙、磷、铁等营养成分，具有很高的营养价值。

这样吃清淡又营养

花生中含有的亚油酸和维生素E，可避免胆固醇在体内沉积，降低人体内胆固醇含量，是清淡、营养的食疗佳品。

✓ **生食、榨汁** 花生去壳可直接食用，也可搭配黄豆、薏米等榨汁饮用。

✓ **炒，蒸，煲粥，煲汤，做点心** 花生可作菜肴辅料，可与蔬果、肉类等食材一起做成营养美味的菜肴；花生还可做糕点的配料。

✓ **榨油** 花生油呈透明、淡黄色，味芳香，是人们日常食用的优质食用油之一。

✗ **油炸、炒、盐水煮、香辣** 这些做法容易使人摄入大量油脂、盐及辣椒，对健康不利。

宜忌人群

宜 一般人群均可食用。尤其适宜高血压、高脂血症、冠心病、动脉硬化、营养不良、食欲不振、咳嗽等患者及儿童、青少年、老年人、妇女产后缺乳者食用。

忌 胆病患者慎食；过敏体质、体寒湿滞、肠滑便泄者及血黏度高、内热上火者忌食。

清淡一族推荐佳肴

花生豆浆

材料：花生30克，黄豆40克。

做法：

1.将黄豆、花生分别洗净，放入清水中浸泡至软。

2.将泡好的黄豆、花生一起放入豆浆机中，打成豆浆即可。

八宝粥

材料：花生仁、红豆、黑豆、芸豆各20克，薏米、大米、糙米、黑米各50克，红枣8枚，枸杞10克。

做法：

1.将红豆、黑豆、芸豆、薏米、糙米、黑米、花生仁洗净，放入水中浸泡一整天；红枣洗净，去核。

2.将上述材料与大米、枸杞一同放到锅中，加入适量清水，大火煮开后转小火慢熬至米豆熟烂即可。

红枣

红枣又名大枣，自古以来就被列为"五果"之一。红枣味甘，性平，具有滋阴补阳、益气补血的功效。红枣富含蛋白质、脂肪、糖类、胡萝卜素、B族维生素、维生素C、维生素PP以及钙、磷、铁和环磷酸腺苷等营养成分，其中维生素C的含量在果品中名列前茅，享有"天然维生素丸"的美誉。

这样吃清淡又营养

红枣口感绵软，甜而不腻，其中的维生素PP含量为所有果蔬之冠，具有维持毛细血管通透性，改善微循环从而预防动脉硬化，还可以降低血糖和胆固醇含量，是老少皆宜的滋补佳品。

✓ **生食** 红枣可直接食用或榨汁，还可做成红枣茶等饮品。红枣虽好，但不可过量，吃多了会胀气，而且吃过红枣后要注意及时漱口，以免产生蛀牙。

✓ **蒸，煮粥，煲汤，做点心** 红枣可与鸡肉、龙眼、白菜、西红柿、芹菜等搭配食用，也可制作糕点。

宜忌人群

宜 一般人群均可食用。尤其适宜胃虚食少、脾虚便溏、气血不足、神经衰弱、妇女癔病、贫血头晕及肿瘤患者放疗、化疗而致骨髓抑制的不良反应者、血小板减少者食用。

忌 湿热内盛、腹部胀满、痰湿偏盛、小儿疳积、寄生虫病、牙痛、糖尿病等患者均应忌食。

清淡一族推荐佳肴

鲜藕红枣汤

材料：鲜藕250克，红枣20克。

做法：

1.将鲜藕刷洗干净，连皮切成薄片；红枣放入清水中泡开，洗净后去核，备用。

2.将藕片、红枣一同放入锅中，加适量清水，大火煮沸后转小火煮40分钟，滤取汁液，代茶饮。

红枣花生汤

材料：红枣50克，花生80克。

做法：红枣、花生分别洗净，一起放入锅中，加入清水适量，大火煮沸后，转小火煲至花生熟烂即可食用。

厨房小妙招

红枣每日食用量建议不超过20颗，否则容易出现腹胀。同时也不要和海鲜一起吃，容易引起腹痛。

清淡饮食 您吃对了吗

龙眼

龙眼俗称桂圆，为我国南方特产。因其果肉晶莹剔透，洁白光亮，隐约可见肉里红黑色果核，形似眼珠，故名"龙眼"。龙眼味甘，性温，具有补心脾、益气血、健脾胃、养肌肉的作用，对病后需要调养及体质虚弱的人有辅助疗效。龙眼的营养丰富，含葡萄糖、蔗糖、蛋白质、多种维生素和矿物质，其中烟酸和维生素K的含量之高是其他水果罕有的。

这样吃清淡又营养

龙眼的营养价值在水果中是名列前茅的，其肉质肥厚，口感柔糯，味道浓甜，果实可生食，肉、核、皮及根均可作药用，自古以来都被视为珍贵的补品，深受人们喜爱。

☑ **直接食用**

☑ **入菜、煲汤、煮粥** 与酸枣仁、生姜、莲子、芡实搭配食用，能更好地发挥其食疗功效。

✗ **加冰糖、白糖等** 龙眼中含糖量很高，故不宜再与糖类同食，以免摄糖过多。

宜忌人群

宜 一般人群均可食用。尤其适宜心慌、头晕失眠、健忘和记忆力低下、年老气血不足、产后体虚乏力、更年期、贫血、出血证患者及烟酸缺乏引起的腹泻、痴呆、皮炎等症患者食用。

忌 内有痰火或阴虚火旺、湿滞停饮、糖尿病、风寒感冒、消化不良等患者均应忌食；孕妇不宜多食。

清淡一族推荐佳肴

龙眼红枣茶

材料：龙眼肉10克，红枣10枚。

做法：

1.红枣洗净，去核，放入锅中，加入适量清水，大火烧开后转中小火煮，直到红枣呈圆润状。

2.加入龙眼肉，继续煮10分钟即可。

黑豆龙眼汤

材料：龙眼肉15克，黑豆、糙米各30克，红枣5枚。

做法：

1.黑豆、糙米分别洗净，放入清水中浸泡4～6小时；红枣洗净，去核。

2.锅内加水，放入黑豆、糙米、红枣、龙眼肉，大火烧开后转小火煮30分钟。

3.滤出汤汁，代茶饮。

厨房小妙招
滤出的剩料可留待以后食用。

清淡饮食 您吃对了吗

莲子

莲子又称莲实、莲米，为莲的副产品，也是我国的特产之一。莲子性平、味甘涩，入心、脾、肾经，具有补脾止泻、益肾涩精、养心安神的功效。莲子富含蛋白质、多钟维生素、矿物质以及微量元素，热量也较高，尤其是很好的钙、磷来源。莲子中央绿色的心，称莲子心，含有莲心碱、异莲心碱等多种生物碱，味道极苦，有清热泻火及显著的强心作用，适宜口舌生疮、中暑烦热、心律不齐、心悸等患者食用。

这样吃清淡又营养

优质莲子皮色淡红，皮纹细致，粒大饱满，生吃微甜，一煮就酥，食之软糯清香，是老少皆宜的清淡滋补佳品。

✓ **干莲子可煮粥、煮羹、煲汤、入菜、做糕点** 可与银耳、红枣、山药、薏米、糯米等食材搭配食用。

✕ **蜜饯、冰糖莲子** 蜂蜜、冰糖属高糖食品，不宜与莲子同食，以免摄入过多糖分。

宜忌人群

宜 一般人群均可食用。尤其适宜体质虚弱、脾虚久泄、心慌、失眠多梦、慢性腹泻、癌症、肾虚遗精、滑精患者及久病、产后或老年体虚者食用。

忌 腹满痞胀及大便燥结者忌服；体虚或者脾胃功能弱者慎食。

清淡一族推荐佳肴

莲子紫米粥

材料：莲子20克，紫米100克，红枣、龙眼肉各5枚。

做法：

1.莲子洗净、去心；紫米洗净后浸泡2小时；红枣洗净，去核，泡发。

2.将紫米及泡米水一起倒入锅内，大火煮沸后转小火，放入莲子、红枣、龙眼肉，继续煮至米烂粥稠即可。

> **厨房小妙招**
>
> 紫米质地坚硬，不易煮烂，需提前浸泡，泡米水可用来煮粥。

莲子芡实薏米羹

材料：莲子、芡实、麦冬、薏米各30克。

做法：

1.将食材分别洗净，用清水泡30分钟。

2.将芡实、薏米放入锅中，加水煮沸后转小火煮30分钟。

3.放入莲子、麦冬，继续煮20分钟即可。

百合

百合，又名韭番、百合蒜等，因其鳞茎酷似大蒜头，其味如山薯，能治疗"百合病"，故称百合。百合含有淀粉、蛋白质、脂肪、钙、磷、铁、镁、锌、硒、维生素B$_1$、维生素B$_2$、维生素C、泛酸、胡萝卜素等营养素，以及秋水仙碱、百合苷等多种生物碱。百合还是常用的中药材，中医认为，百合味甘、微苦，性微寒，具有清火、润肺、安神的功效，其花、鳞状茎均可入药，是一种药食兼用的花卉。

▤ 这样吃清淡又营养

百合鲜食、干用均可，不仅具有良好的营养滋补之功，而且对秋季气候干燥而引起的多种季节性疾病有一定的防治作用。但百合虽能补气，亦伤肺气，不宜多服。

☑ **煮粥、煲汤、清蒸、清炒** 这些烹调方法最能体现百合清淡的口感，可与银耳、大米、芹菜、红豆、莲子等搭配食用。

☑ **百合粉** 干百合可打成粉后用开水直接冲调食用，也可煮粥或做糕点。

▤ 宜忌人群

宜 一般人群均可食用。尤其适宜体虚肺弱、肺气肿、肺结核、咳嗽、咯血、失眠多梦、心情抑郁、神经衰弱患者及病后体弱、更年期女性食用。

忌 风寒咳嗽、虚寒出血、脾虚便溏者忌食。

▤ 清淡一族推荐佳肴

百合冬瓜汤

材料：鲜百合50克，鲜冬瓜400克，鸡蛋1个，盐、香油各少许。

做法：

1.将百合洗净，撕片；冬瓜洗净，切薄片；鸡蛋磕小口，取蛋清。

2.锅内加水，放入百合、冬瓜，煮沸后倒入鸡蛋清，继续煮呈乳白色时，加盐、香油调味即可。

> **厨房小妙招**
> 将鲜百合的鳞片剥下，撕去外层薄膜洗净后在沸水中浸泡一下，可除去苦涩味。

百合粥

材料：鲜百合50克，大米60克。

做法：

1.百合洗净，掰成小瓣。

2.大米淘洗干净，放入锅内，加水煮粥，五成熟时放入百合，继续煮至粥熟即可。

> **厨房小妙招**
> 百合粥营养滋补，对中老年人及病后身体虚弱而有心烦失眠、低热易怒者尤为适宜。

鸡蛋

鸡蛋，俗称鸡子、白果，是人们最常食用的蛋品。鸡蛋每百克含蛋白质12.7克，含人体必需的8种氨基酸，并与人体蛋白的组成极为近似，利用率高达98%以上；鸡蛋每百克含脂肪9克，主要存在于蛋黄中，脂肪多属于卵磷脂、固醇类和蛋黄素，此外，蛋黄中还含有丰富的维生素A、维生素D、B族维生素及铁、磷、硫、钙等矿物质，也极易被人体消化吸收。鸡蛋因其所含的营养全面且丰富，而被称为"人类理性的营养库"。

这样吃清淡又营养

鸡蛋的营养价值很高，但蛋黄中含有很高的胆固醇，每百克含585毫克，食用过多会引起胆固醇增高，导致动脉粥样硬化，所以，不宜一次食用过多，以每天1～2个为宜。

✓ **煮、卧、蒸、甩、水炒、做糕点**
鸡蛋可单独食用，也可与其他食材搭配做成各种菜肴，或与面粉搭配做成蛋糕、饼干、面包等风味各异的点心。

✗ **煎、炸、油炒** 虽然好吃，但鸡蛋的营养成分受到很大破坏，且摄入过多的油脂也不利于消化。

✗ **生食** 不卫生，也不利于营养的消化吸收，因此不宜生吃。

宜忌人群

宜 一般人群均可食用。尤其适宜婴幼儿、孕妇、产妇、病人食用。

忌 对蛋白质过敏、高热、腹泻、肝炎、肾炎、胆囊炎、冠心病等患者忌食。

清淡一族推荐佳肴

煮鸡蛋

材料：鸡蛋1个。

做法：锅内加水，大火烧开，放入凉鸡蛋，小火煮8分钟即可熟透。

厨房小妙招

鸡蛋要凉透，放入开水中煮才不会破壳。刚从冰箱取出的鸡蛋最好，如鸡蛋不在冰箱存放，把鸡蛋在冷水中浸泡一会儿凉透也可减少破壳。

鸡蛋羹

材料：鸡蛋2个，生抽、盐、醋、香油各少许。

做法：

1.鸡蛋打散，加入与鸡蛋同量的清水及少许盐，再次充分打散、打匀。

2.把蛋液过筛，滤去浮沫，盖上盖子，上锅蒸15分钟，取出后在蛋羹表面淋上生抽、醋、香油即可食用。

清淡饮食 您吃对了吗

鹌鹑蛋

鹌鹑蛋，又名鹑鸟蛋、鹌鹑卵，含有丰富的蛋白质、脑磷脂、卵磷脂、赖氨酸、胱氨酸、维生素A、B族维生素及铁、磷、钙等营养物质，为滋补食疗的佳品，有"卵中佳品""动物中的人参"之称。

这样吃清淡又营养

鹌鹑蛋虽然体积小，但味道好，在营养上有独特之处，与鸡蛋相比，鹌鹑蛋的卵磷脂、铁、维生素B_2、维生素A的含量更高，而胆固醇则较鸡蛋低约1/3，比鸡蛋更容易被人体消化吸收。

✓ **煮食、做汤、做蛋羹、炒食** 鹌鹑蛋可做成蛋羹，也可煮熟食用，或与其他食材搭配做成汤或菜肴。

✗ **煎、炸、油炒、卤、腌** 虽然好吃，但鹌鹑蛋的营养成分受到很大破坏，且摄入过多的油脂、盐分，也不利于健康。

✗ **生食** 不卫生，也不利于营养的消化吸收，因此不宜生吃。

宜忌人群

宜 一般人群均可食用。适宜婴幼儿、孕产妇、老人、病人、心血管病患者及身体虚弱、营养不良、胃气不足的人食用；肺气虚弱所致的支气管哮喘、肺结核、神经衰弱者也宜食。

忌 外感病邪未清者及痰热、痰湿病人均不宜多食。

清淡一族推荐佳肴

煮鹌鹑蛋

材料：鹌鹑蛋100克。

做法：

1.鹌鹑蛋洗净。

2.锅中加水，放入鹌鹑蛋，盖盖煮5分钟即可。

厨房小妙招

鹌鹑蛋不好剥皮，可将煮熟的鹌鹑蛋放入凉水中浸泡2分钟，然后放入盒子里，盖上盖子，转圈反复摇晃20秒，然后从鹌鹑蛋的大头凹陷处剥开那层皮，就很容易去壳了。

银耳鹌鹑蛋

材料：银耳15克，鹌鹑蛋10个，冰糖少许。

做法：

1.将银耳择洗干净，上笼蒸1小时；鹌鹑蛋用热水煮熟，剥去皮。

2.锅中加水，放入冰糖煮沸，糖溶化后，放入银耳、鹌鹑蛋稍煮片刻，撇去浮沫，盛入碗内即成。

牛 奶

牛奶是人们日常生活中的必备饮品，目前最普遍的是全脂、低脂、脱脂牛奶及一些有添加物的牛奶，如高钙低脂牛奶，其中就增添了钙质。牛奶富含蛋白质及人体生长发育所必需的全部氨基酸，消化率高达98%；牛奶所含的碳水化合物中最丰富的是乳糖，乳糖使钙易于被吸收；牛奶中含有丰富的钙、维生素D，是人体钙的最佳来源，而且钙磷比例非常适当，利于钙的吸收。

这样吃清淡又营养

牛奶中的脂肪溶点低，颗粒小，很容易被人体消化吸收，其消化率达98%，是真正清淡又营养的保健饮品。

✓ **直接饮用**　不要空腹喝牛奶，最好搭配馒头、米饭、面包等含淀粉的食物同食，以延长牛奶在胃中的停留时间，这样牛奶与胃液能够充分发生酶解作用，使蛋白质能够更好地被消化吸收。

✓ **与其他食材搭配食用**　可煮粥、做菜、煲汤、做奶茶、做布丁、做酸奶或奶酪等。

✗ **煮沸、久煮、加糖**　牛奶加热时不要煮沸，也不要久煮，否则会破坏营养素，影响人体吸收。另外，煮牛奶时不要加糖，因为牛奶的营养配比很科学，再加糖会导致糖分摄入过多。

宜忌人群

宜　一般人群均可食用。尤其适宜久病体虚、气血不足、营养不良、噎膈反胃、胃及十二指肠溃疡、便秘等患者食用。

忌　对牛奶过敏、对乳糖不耐受、反流性食管炎、肠道易激综合征、缺铁性贫血、乳糖酸缺乏症、胆囊炎、胰腺炎等患者以及经常接触铅的人，均应忌食。

清淡一族推荐佳肴

牛奶大米粥

材料：牛奶250毫升，大米60克。

做法：大米淘洗干净，煮成粥，关火后再加入牛奶，搅匀即可。

牛奶红茶饮

材料：红茶1小包，牛奶250毫升。

做法：将茶叶包放入锅中，煮成浓茶汁，关火后再倒入牛奶，搅匀即可。

清淡饮食　您吃对了吗

羊奶

与牛奶相比，喝羊奶的人较少，很多人闻不惯它的味道，对它的营养价值也不够了解。其实，羊奶中的蛋白质、矿物质，尤其是钙、磷的含量都比牛奶略高；维生素A、B族维生素含量也高于牛奶，对保护视力、恢复体能有好处。和牛奶相比，羊奶更容易消化，婴儿对羊奶的消化率可达94%以上，是乳制品中最接近母乳，营养成分最全、最易被人体吸收的奶品，在国际上被称为"奶中之王"。

这样吃清淡又营养

山羊奶的脂肪中不饱和脂肪酸含量高，其中约25%为水溶性低级脂肪酸，更利于人体吸收，是能量的快速来源，长期饮用也不会造成脂肪堆积，是最适合人类饮用的清淡饮品。

✓ **热饮** 喝鲜羊奶时时一定注意加温杀菌，煮沸即可。另外，纯羊奶浓度过高影响吸收，所以适量兑水饮用，更有利于营养的吸收。

✓ **与其他食材搭配食用** 可煮粥、做菜、煲汤、做奶茶、做布丁、做酸奶或奶酪等。

宜忌人群

宜 一般人都可食用。尤其适宜营养不良、虚劳羸弱、消渴反胃、肺结核咳嗽咯血、慢性肾炎等患者饮用。

忌 急性肾炎、肾功能衰竭、慢性肠炎等患者忌食羊奶，腹部手术患者一两年内不宜饮用羊奶。

清淡一族推荐佳肴

蜂蜜羊奶

材料：羊奶250毫升，蜂蜜适量。

做法：将羊奶放入锅中煮沸，晾至温热时调入蜂蜜，搅匀即可。

羊奶鸡蛋羹

材料：羊奶250毫升，鸡蛋2个。

做法：

1.鸡蛋打散备用。

2.将羊奶放入锅中煮沸，慢慢调入鸡蛋，搅匀、煮沸即可。

羊奶山药羹

材料：羊奶250毫升，鲜山药25克。

做法：

1.山药去皮、洗净，用磨泥板磨出半碗山药泥，放入蒸笼中蒸熟。

2.羊奶煮滚后，连同山药泥一起调匀即可。

酸 奶

酸奶是由纯牛奶发酵而成，除保留了鲜牛奶的全部营养成分外，在发酵的过程中乳酸菌还可以产生人体所必需的多种维生素，如维生素B_1、维生素B_2、维生素B_6、维生素B_{12}等。另外，酸奶能使蛋白质结成细微的乳块，乳酸和钙结合生成的乳酸钙，更容易被消化吸收。

这样吃清淡又营养

酸奶中脂肪的含量一般是3%~5%，经发酵后，其中的脂肪酸含量明显增加，这些变化可使酸奶更容易消化吸收，各种营养素的利用率也因此得以提高。

✓ **直接饮用** 建议饭后1.5个小时喝酸奶最好，因为益生菌在空腹情况下容易被胃酸杀死。乳酸对牙齿有腐蚀作用，喝完酸奶后要及时漱口。

✓ **与淀粉类的食物搭配食用** 如与米饭、面条、包子、馒头、面包等搭配食用，可使酸奶中的营养更好地被吸收利用。

✓ **做料理或糕点** 如水果酸奶沙拉、酸奶果汁、酸奶茶、酸奶布丁、酸奶面包等。

✗ **加热后饮用** 酸奶中的有效益生菌在加热后会大量死亡，营养价值降低，味道也会有所改变，因此，饮用时不宜加热。

宜忌人群

宜 一般人群均可食用。尤其适宜身体虚弱、气血不足、营养不良、肠燥便秘、皮肤干燥、高胆固醇血症、动脉硬化、冠心病、脂肪肝、癌症尤其是消化道癌症病人饮用。

忌 胃肠道手术后的病人、胃酸过多、腹泻或其他肠道疾病患者慎食；糖尿病患者不宜过多饮用。

清淡一族推荐佳肴

酸奶沙拉

材料：酸奶100毫升，香蕉1个，猕猴桃1个。

做法：

1.香蕉去皮，切滚刀块；猕猴桃去皮，切小块。

2.将香蕉块、猕猴桃块放入碗中，淋上酸奶，拌匀即可。

酸奶水果麦片粥

材料：酸奶100毫升，燕麦片30克，鸡蛋1个，苹果半个。

做法：

1.将燕麦片放少许水煮熟；鸡蛋煮熟，去壳，切丁；苹果洗净，去皮，切丁。

2.将上述材料放入碗中，倒入酸奶，搅匀即可。

瘦猪肉

猪肉是日常食用肉类最多的一种，含有丰富的蛋白质、脂肪、碳水化合物及钙、磷、铁等成分，对人体健康有益。但肥肉中含有大量的饱和脂肪酸，长期食用会造成肥胖及多种心血管病，所以，瘦猪肉才是清淡滋补的肉类。

▤ 这样吃清淡又营养

猪肉纤维较为细软，结缔组织较少，肌肉组织中含有较多的肌间脂肪，因此，经过烹调加工后肉味特别鲜美。但吃瘦肉多了对人体健康也会产生危害，一般成人每天食肉量应为50～100克。

✓ **炒、蒸、炖、涮、煲汤、煮粥** 猪肉烹调前不要用热水清洗，以免使水溶性营养素流失，影响口味；切猪肉时要斜切，这样炒熟后的肉不散碎，吃起来也不塞牙。

✗ **酱、烤、炸** 这些方法烹调肉虽然更美味，但口味要重得多，容易摄入过多的盐及油脂。

▤ 宜忌人群

宜 一般人都可食用。尤其适宜阴虚津亏、头晕、贫血、老人燥咳无痰、大便干结及营养不良者食用。

忌 湿热痰滞内蕴者、外感病人忌食；肥胖、血脂较高、高血压者少食。

▤ 清淡一族推荐佳肴

海带炖猪肉

材料：瘦猪肉300克，泡发海带150克，姜5克，葱10克，盐少许。

做法：

1. 把海带洗净，切成细丝；瘦猪肉洗净，切成小块；姜拍松，葱切段。

2. 把上述材料一起放入炖锅内，加水大火煮沸，撇去浮沫，再用小火煮1小时，最后加盐调味即可。

> **厨房小妙招**
> 猪肉经长时间炖煮后，不饱和脂肪酸增加，而胆固醇含量大大降低。

茭白木耳炒肉

材料：瘦猪肉50克，茭白100克，黑木耳10克，姜片、蒜片、植物油、生抽、料酒、淀粉、盐各少许。

做法：

1. 茭白洗净，切片；瘦猪肉洗净，切片，加入料酒、生抽、淀粉，拌匀后腌10分钟；黑木耳泡发、洗净，撕成小朵。

2. 油锅烧热，爆香姜片、蒜片，放肉片翻炒，变色后放入茭白、黑木耳翻炒，炒熟后加盐调味即可。

牛肉

牛肉是我国消费量仅次于猪肉的肉类食品，古有"牛肉补气，功同黄芪"之说，有补中益气、滋养脾胃、强健筋骨的功效。牛肉富含蛋白质、肉毒碱、维生素B_6、维生素B_{12}及锌、镁、钾、铁等矿物质，具有很高的营养价值。

这样吃清淡又营养

牛肉中氨基酸组成比猪肉更接近人体需要，能提高机体抗病能力，而脂肪含量很低，所以味道鲜美，享有"肉中骄子"的美称。

✓ **炒、蒸、炖、涮、煲汤、煮粥**
牛肉的纤维组织较粗，结缔组织又较多，应横切，将长纤维切断，否则不仅不易入味，还嚼不烂。

✗ **酱、烤、炸、腌** 这些方法烹调肉虽然更美味，但口味要重得多，容易摄入过多的盐及油脂。

宜忌人群

宜 一般人群均可食用。尤其适宜生长发育、术后、病后调养者及中气下陷、气短体虚、筋骨酸软、贫血久病、面黄目眩等患者食用。

忌 感染性疾病、肝病、肾病患者慎食；高胆固醇血症、老年人、儿童、消化力弱者少食。

清淡一族推荐佳肴

嫩炒牛肉片

材料：牛外脊肉200克，菜油、酱油、绍酒、味精、淀粉、葱姜丝、花椒水、盐各少许。

做法：

1.将牛肉洗净，切成薄片，加淀粉，抓匀。

2.油锅烧热，下肉片划开翻炒，待肉片相互分开时，放入葱姜丝、绍酒、酱油、盐、味精、花椒水，颠炒几下，迅速勾芡，装盘即可。

土豆炖牛肉

材料：牛肉300克，土豆1个，胡萝卜1根，山楂1个，料酒、大料、葱段、姜片、老抽、生抽、盐各少许。

做法：

1.土豆、胡萝卜分别去皮，洗净，切滚刀块；牛肉洗净，切成小块，加生抽、老抽腌10分钟，凉水下锅，煮沸后撇去浮沫，捞出洗净。

2.将牛肉放进压力锅，加山楂、料酒、大料、葱段、姜片、适量清水，加压20分钟，然后放入土豆块、胡萝卜块，继续加压3分钟，最后加盐调味即可。

厨房小妙招

烹饪时放少量山楂、橘皮或茶叶，牛肉易烂。

羊肉

羊肉，古时称为羖肉、羝肉、羯肉，为全世界普遍食用的肉类之一。羊肉中含有丰富的蛋白质、维生素及钙、铁等矿物质，且性质温热，既能御风寒，又可补身体，最适宜于冬季滋补食用，深受人们欢迎。

这样吃清淡又营养

羊肉肉质细嫩，容易消化，且脂肪和胆固醇含量比猪肉和牛肉都少，适量吃能提高身体素质，增强抗病能力。但如果过多食用也会对心血管系统造成压力，因此羊肉虽然好吃，却不应贪嘴。

✓ **熟食** 炒、蒸、炖、涮、煲汤、煮粥。羊肉具有独特的膻味，是因为其脂肪中含有石碳酸，去掉脂肪就没有膻味了。

✗ **爆、酱、烧、烤、炸** 这些方法烹调肉虽然更美味，但口味要重得多，容易摄入过多的盐及油脂。而且，烹饪过程中，由于温度过高也会损失不少营养。

宜忌人群

宜 一般人群均可食用。适宜体虚胃寒、阳虚怕冷、体质虚弱及慢性肺病、咳喘等患者食用。

忌 发热、腹泻、体内有积热、肝病、高血压及感染性疾病患者忌食。

清淡一族推荐佳肴

羊肉萝卜粥

材料：瘦羊肉、白萝卜、大米各100克，葱末、姜末、盐、五香粉、香油各少许。

做法：

1.羊肉洗净，切成薄片；白萝卜洗净，切丁。

2.大米洗净，加水煮粥，煮至七成熟时加白萝卜丁，将熟时放入羊肉片、葱末、姜末、五香粉，煮熟后加盐、香油调味即可。

当归羊肉汤

材料：羊肉300克，当归、生姜各15克，盐少许。

做法：

1.羊肉洗净，剔除筋膜后切成小块；当归洗净；生姜洗净，切片备用。

2.把上述材料一起放入砂锅内，加水大火煮沸，撇去浮沫，转中火炖煮至羊肉熟烂，放入盐调味即可。

鸡肉

鸡肉的肉质细嫩，滋味鲜美，与猪肉、牛肉比较，其蛋白质含量较高，脂肪含量较低，同时还富含磷、铁、铜、锌等矿物质，以及维生素B_{12}、维生素B_6、维生素A、维生素D和维生素K等维生素，具有很高的营养价值。

这样吃清淡又营养

鸡肉中的脂肪含有较多的不饱和脂肪酸——亚油酸和亚麻酸，能够降低对人体健康不利的低密度脂蛋白胆固醇的含量，是最清淡的肉类之一。当然，鸡皮、鸡翅等部位脂肪含量很高，最好少食或不食。

✓ **冷食凉拌、炒、煮、炖、蒸、焖、煲汤** 鸡肉的营养价值比鸡汤要高得多，因此煲鸡汤时，要连汤带肉一起吃。

✗ **烤／炸鸡** 鸡肉经过高温油炸、明火烘烤，不仅营养素被破坏、脂肪含量高，而且还滋生了致癌物质，对肠胃不利。

宜忌人群

宜 一般人群均可食用。适宜脾胃虚弱、营养不良、畏寒怕冷、乏力疲劳、月经不调及贫血患者。

忌 便秘、感冒、口腔溃疡、皮肤疖肿、肝火旺盛、肥胖症、高血压、高脂血症、动脉硬化、冠心病、胆囊炎、胆石症、尿毒症等患者忌食。

清淡一族推荐佳肴

香菇鸡肉山药粥

材料：鸡胸肉、山药、大米各100克，干香菇10克，姜末、葱花、生抽、盐、料酒、香油各少许。

做法：

1.鸡胸肉洗净，切丁，放入姜末、生抽、盐、料酒，抓匀后腌15分钟；山药去皮，洗净，切丁；香菇用温水泡发，洗净，切丁。

2.大米洗净，加水煮粥，将熟时放入鸡肉丁、山药丁、香菇丁，继续煮15分钟，最后香油、葱花调味即可。

> **厨房小妙招**
> 腌制鸡肉时已放了生抽和盐，故粥煮好后就不必再加盐了。

鸡肉馄饨

材料：鸡肉100克，生姜末、盐、生抽、花椒水各少许。

做法：将鸡肉洗净，剁烂，放入生姜末、盐、生抽、花椒水，搅匀后，用馄饨面皮包成馄饨，煮食即可。

清淡饮食 您吃对了吗

鲤鱼

鲤鱼,别名鲤拐子、鲤子,是我国主要的淡水食用鱼类之一。鲤鱼味甘、性平,能补脾健胃、通乳汁、利水消肿。鲤鱼的蛋白质不但含量高,而且质量也很高,人体消化吸收率可达96%,并含有能供给人体必需的氨基酸、矿物质、维生素A和维生素D等营养素。

这样吃清淡又营养

鲤鱼的脂肪多为不饱和脂肪酸,能最大限度地降低胆固醇,可以防治动脉硬化、冠心病,是清淡又保健的鱼肉之一。

☑ **煮汤、煨、清蒸、清炖** 鱼腹两侧各有一条像细线一样的白筋,去掉可以除腥味。

☒ **煎炸、糖醋、红烧、剁椒** 这些方法做出来的鱼更美味,但口味较重,容易摄入较多的油脂、糖及辣椒,对健康不利。

宜忌人群

宜 一般人群均可食用。尤其适宜水肿、腹胀、少尿、黄疸、乳汁不通等患者食用。

忌 癌症、淋巴结核、红斑性狼疮、支气管哮喘、小儿痄腮、血栓闭塞性脉管炎、痈疽疔疮、荨麻疹、皮肤湿疹等疾病患者均忌食。

清淡一族推荐佳肴

山楂鲤鱼汤

材料:鲤鱼1条,干山楂20克,蛋清20克,葱花、盐、绍酒、水淀粉各少许。

做法:

1.山楂洗净;鲤鱼收拾干净,去骨后切成薄片,放入淀粉、绍酒、蛋清、盐,反复抓匀上劲。

2.锅中加水,放入山楂煮开,把浆制好的鱼片均匀地撒入锅中,再次煮开后撇净浮沫,煲15分钟,撒上葱花即可。

厨房小妙招

浆制鱼肉时已放了盐,故汤煮好后就不需要再放盐了。

清蒸鲤鱼

材料:鲤鱼1条,葱段、姜片各20克,盐、黄酒、玉米油、花椒各少许。

做法:

1.鲤鱼收拾干净,用盐、黄酒腌制20分钟。

2.鱼身切开花刀,把姜片塞进刀口中,葱段塞入鱼腹,装盘后上锅大火蒸15分钟。

3.油锅烧热,下花椒炸香,捞出花椒,将热油淋在鱼身上即可。

鲫 鱼

鲫鱼，俗称鲫瓜子，肉味鲜美，肉质细嫩，营养全面，富含蛋白质、糖类及钙、磷、钾、镁等矿物质，鲫鱼的头含有丰富的卵磷脂，保健价值极高。鲫鱼性平味甘，入胃、肾经，具有和中补虚、温胃进食、补中生气之功效。

这样吃清淡又营养

鲫鱼含有少量的脂肪，多由不饱和脂肪酸组成，食之鲜而不腻，略感甜味，有利于心血管健康，是清淡又美味的保健鱼类。

✓ **清蒸、煮汤** 鲫鱼汤不但汤鲜味美，而且具有较强的滋补作用，宜经常食用。吃过鱼后，口里有味时，嚼上三五片茶叶，立刻口气清新。

✗ **红烧、干烧、煎炸** 这几种烹调方法会摄入大量的油脂，鲫鱼的营养价值也会大打折扣，因此不宜采用。

宜忌人群

宜 一般人群均可食用。适宜脾胃虚弱、食欲不振、痔疮出血、慢性久痢、水肿、肝硬化腹水、小儿麻疹患者及产后乳少的产妇食用。

忌 感冒发热者忌食。

清淡一族推荐佳肴
清蒸鲫鱼

材料：鲫鱼1条，姜片、葱段、葱丝适量，盐、生抽、植物油各少许。

做法：

1.鲫鱼收拾干净，用少量的盐涂遍鱼身内外。

2.蒸鱼的碟子上铺姜片和葱段，放好鱼，上锅中火蒸8分钟，关火后虚蒸2分钟出锅，把蒸鱼的汁倒掉。

3.起油锅，热油后加入生抽、姜片、葱丝，煮开后淋在鱼身上即可。

鲫鱼萝卜汤

材料：净鲫鱼1条，白萝卜200克，葱段、姜片各适量，植物油、料酒、盐各少许。

做法：

1.鲫鱼洗净，控水；白萝卜洗净，切丝。

2.锅中加水，放入鲫鱼、白萝卜丝、葱段、姜片、料酒，大火煮沸，待汤白时，改用小火慢炖至鱼熟，加盐调味即可。

> **厨房小妙招**
> 鲫鱼汤也可以用来煮面，不用添加任何调料，汤面就鲜美至极。

清淡饮食 您吃对了吗

三文鱼

三文鱼也叫撒蒙鱼或萨门鱼，是世界名贵鱼类之一。三文鱼富含蛋白质、脂肪、虾青素、多种维生素及钙、钾、磷、镁、硒、锌等矿物质，鳞小刺少，肉色橙红，肉质细嫩鲜美，口感爽滑，是深受人们喜爱的鱼类，同时由它制成的鱼肝油更是营养佳品。

这样吃清淡又营养

三文鱼中含有丰富的不饱和脂肪酸，能有效降低血脂和胆固醇，防治心血管疾病，具有很高的营养价值，享有"水中珍品"的美誉。

✓ **生食、清蒸、煮汤** 用于烹制热菜时，三文鱼加热的时间不宜长，否则成菜后，肉质会干硬，吃起来口感不佳。

✗ **煎炸烤、爆炒、香薰** 这几种烹调方法会摄入大量的油脂，三文鱼的营养价值也会大打折扣，因此不宜采用。

宜忌人群

宜 一般人群均可食用。尤其适宜心血管疾病、贫血、感冒患者食用。

忌 过敏体质、痛风、高血压患者慎食；孕妇忌食生三文鱼。

清淡一族推荐佳肴

三文鱼刺身

材料：鲜三文鱼柳250克，白萝卜适量，黄瓜一段，绿芥末酱、酱油各少许。

做法：

1.白萝卜洗净，切成细丝，摆入盘中一侧；黄瓜洗净，切成1厘米厚块备用。

2.三文鱼柳切成4件厚片，放在冰块上，置入盘中，再切一些薄片，摆成花形。

3.黄瓜放入盘中，把绿芥末酱做成锥形，放在黄瓜上，用牙签扎出一个个小洞，使之形似草莓。吃时配一碟酱油，放入适量绿芥末，蘸食。

三文鱼豆腐汤

材料：三文鱼、豆腐各100克，香菜2根，姜片、盐、鸡精、料酒、新鲜柠檬汁各少许。

做法：

1.豆腐切块；三文鱼洗净，切块，加入盐、料酒、柠檬汁，拌匀后腌制15分钟。

2.锅中加水，煮开后放入腌好的三文鱼及姜片，用小火煮10分钟，再放入豆腐，煮开后放入盐、鸡精调味，撒上香菜段即可。

草鱼

草鱼又称鲩鱼、厚子等，为典型的草食性鱼类。草鱼味甘、性温，入肝、胃经，具有暖胃和中、平降肝阳、祛风、治痹、截疟、明目之功效。草鱼富含蛋白质、脂肪、维生素及硒、铁、钙等矿物质，肉质肥嫩、味鲜美、肉间刺少，备受消费者喜爱。

这样吃清淡又营养

草鱼肉嫩而不腻，可以开胃、滋补，又富含不饱和脂肪酸，对血液循环有利，但草鱼不宜大量食用，每次约100克，食用过多易诱发各种疮疥。

✓ **煮汤、煨、清蒸、清炖、煮粥** 还可做成鱼丸、鱼豆腐等产品食用。另外，鱼胆有毒，食用时需小心。

✗ **煎炸、干烧、红烧、香辣** 这些方法做出来的鱼更美味，但口味较重，容易摄入较多的油脂、糖及辣椒，对健康不利。

宜忌人群

宜 一般人群均可食用。尤其适宜虚劳、肝阳上亢高血压、头痛、久疟、心血管病人及小儿发育不良、水肿、肺结核、产后乳少等患者食用。

忌 女性经期忌食。

清淡一族推荐佳肴

清汤鱼圆

材料：草鱼1条，鸡蛋清、水发香菇、油菜心各20克，盐少许。

做法：

1.水发香菇、油菜心洗净备用。

2.草鱼收拾干净，用刀仔细片下草鱼肉，不要带大刺，再慢慢刮下鱼肉茸，倒入料理机，加入同量的水，打成肉浆，加盐、鸡蛋清搅打上劲。

3.锅内加水烧热，用小勺子把鱼肉浆做成丸子形状慢慢下锅，小火煮熟后捞出。

4.另起锅，加水，大火烧开，下入鱼丸、油菜心、香菇，大火烧开后即可。

草鱼菠菜粥

材料：草鱼、大米各50克，菠菜100克，盐、香油各少许。

做法：

1.菠菜摘洗干净，焯水，切碎；草鱼收拾干净，切片，加盐腌制10分钟。

2.大米洗净，加水煮粥，将熟时放入菠菜和鱼片，煮熟加盐、香油调味即可。

鲈鱼

鲈鱼又称花鲈、四肋鱼等，俗称鲈鲛，味甘、性平，归肝、脾、肾经，具有补五脏、益筋骨、调和肠胃的功效。鲈鱼肉坚实呈蒜瓣状，刺少，味鲜美，富含蛋白质、脂肪、维生素A、B族维生素及钙、镁、锌、硒等营养元素，有很高的营养价值。秋末冬初，成熟的鲈鱼特别肥美，鱼体内积累的营养物质也最丰富，是吃鲈鱼的最好时令。

这样吃清淡又营养

鲈鱼肉质白嫩，清淡鲜香，没有腥味，富含不饱和脂肪酸，是一种既补身、又不会造成营养过剩而导致肥胖的清淡营养佳品。

✓ **清蒸、清炖、煮汤** 这样口感更清淡，鱼肉更鲜美，还可以保留更多的营养。

✗ **红烧、干烧、煎烤、香辣** 这几种烹调方法会摄入大量的油脂及辣椒，鲈鱼的鲜美口感及营养价值也会大打折扣。

宜忌人群

宜 一般人群均可食用。尤其适宜贫血、头晕、水肿患者及胎动不安孕妇食用。

忌 皮肤病患者、长肿疮的人忌食。

清淡一族推荐佳肴

清蒸鲈鱼

材料：鲈鱼1条，水发冬菇、大葱适量，盐、料酒、蒸鱼豉油各少许。

做法：

1.鲈鱼收拾干净，在鱼身上打上花刀，用葱、盐、料酒腌渍20分钟。

2.冬菇洗净，对切；葱切丝，取一些葱丝铺在盘中，把腌制好的鱼取出立在鱼盘中，在鱼身花刀处放一片冬菇。

3.锅内加水烧开，大火蒸6分钟关火，虚蒸5分钟后取出，蒸鱼水倒掉，将蒸鱼豉油加少许凉开水调成汁，浇在鱼上，再撒上一些葱丝即可。

厨房小妙招

由于海鲈鱼本来就是咸的，在鱼的两侧少抹一点盐就可以了。

姜丝鲈鱼汤

材料：鲈鱼1条，姜10克，盐少许。

做法：

1.鲈鱼收拾干净，切成3段；姜洗净，切丝。

2.锅中加水煮沸，放入鱼块、姜丝，煮沸后转中火煮3分钟，待鱼肉熟嫩，加盐调味即可。

鲢鱼

鲢鱼又名白鲢、鲢子，可分白鲢、花鲢、长丰鲢三种，其中花鲢的肉质比其他两种较紧实。鲢鱼味甘性温，能温中益气、利水止咳，且富含蛋白质、脂肪、维生素A、维生素E、烟酸及钙、铁等营养素，尤其适合冬天食用。

这样吃清淡又营养

鲢鱼肉质鲜嫩、细腻，其脂肪成分多为不饱和脂肪酸，鱼鳞中还含有卵磷脂，可降低血脂，降低胆固醇，是适宜心脑血管疾病患者常食的清淡调养佳品。

✓ **清蒸、清炖** 这样最能体现出鲢鱼清淡、鲜香的特点，还可以保留更多的营养。

✗ **红烧、干烧、烧烤、油炸、油浸等** 这些烹调方法会摄入大量的油脂及辣椒，鲢鱼的清鲜口感及营养价值也会大打折扣。

宜忌人群

宜 一般人群均可食用。尤其适宜脾胃虚弱、食欲减退、瘦弱乏力、腹泻、溃疡、水肿、哮喘、气管炎、皮肤干燥患者及产妇食用。

忌 脾胃蕴热、瘙痒性皮肤病、荨麻疹、癣病者应忌食。

清淡一族推荐佳肴

清蒸鲢鱼

材料：鲢鱼1条，生姜、香菜段各适量，植物油、料酒、盐各少许。

做法：

1.鲢鱼收拾干净，在鱼身上打上花刀，用料酒、盐腌渍20分钟。

2.生姜洗净，切片，将姜片塞入鱼两侧的切口处及鱼腹内。

3.蒸锅加水烧开，放入鱼盘，大火蒸10分钟，关火，取出鱼，去姜片，淋上热油，撒上香菜段即可。

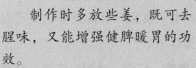

厨房小妙招

制作时多放些姜，既可去腥味，又能增强健脾暖胃的功效。

清炖鲢鱼

材料：鲢鱼1条，葱丝、姜丝、蒜片、香菜段各适量，植物油、料酒、醋、盐、花椒各少许。

做法：

1.鲢鱼收拾干净，切成块，加入葱丝、姜丝、料酒、盐，腌制15分钟。

2.油锅烧热，爆香蒜片、姜丝、花椒，放入鱼块翻炒几下，再加入醋和清水，大火烧开后转小火慢炖至鱼肉熟，撒上香菜段即可。

清淡饮食 您吃对了吗

虾

虾的种类很多，主要有海水虾、淡水虾、半咸水虾三种，含有丰富的蛋白质、维生素A和钙、磷、铁、钾、碘、镁等矿物质，营养价值很高。虾肉质细嫩，味道鲜美，无腥味和骨刺，易消化，对身体虚弱以及病后需要调养的人是极好的清淡食物。

这样吃清淡又营养

虾肉中蛋白质含量高，脂肪含量少，还含有丰富的能降低人体血清胆固醇的牛磺酸，是高蛋白低脂肪的水产佳品。

✓ **白灼、蒸、涮、煮汤、炒** 这样最能体现出虾肉鲜嫩、美味可口的特点，还可以保留更多的营养。海虾属于寒凉阴性类食物，最好与姜、醋等作料共同食用，既能杀菌，又可以防止身体不适。

✗ **椒盐、红烧、油焖、烧烤、油炸、香辣等** 这些烹调方法做出来的虾口味重，容易摄入过多的油脂、盐及辣椒，也会破坏虾的营养。

宜忌人群

宜 一般人群均可食用。尤其适宜心血管病、肾虚阳痿、男性不育、腰脚无力、缺钙所致的小腿抽筋患者及中老年人、孕妇食用。

忌 阴虚火旺、过敏性疾病、支气管炎及各种皮肤瘙痒症患者忌食；大量服用维生素C期间忌吃虾。

清淡一族推荐佳肴

白灼虾

材料：新鲜基围虾500克，生抽、香油、盐、姜末、葱丝各少许。

做法：

1.虾洗净；用生抽、香油、葱丝、姜末、盐调成蘸汁。

2.锅内加水，大火烧开，放入虾焯熟，控水后装盘，去壳蘸料汁即可。

厨房小妙招

焯的时间一定要短，火候一定要猛，才能保持虾的鲜嫩口感。

虾仁豆腐羹

材料：鲜虾10只，豆腐150克，水发香菇2朵，鸡蛋1个，香葱末、盐、料酒、香油各少许。

做法：

1.豆腐搅打成泥状，打入鸡蛋。

2.鲜虾去壳，洗净，切丁；香菇洗净，切丁，都放入豆腐泥中，加入盐、料酒，搅匀。

3.锅内加水烧开，放入豆腐泥，中大火蒸10分钟，出锅后加香葱末、香油调味即可。

第四章

留住食物真味与营养：
如何才能吃得清淡

吃什么？古人云："五谷为养，五果为助。"怎么留住食物的真味和营养？今人云："取法自然，清淡为真"。用最简单的烹饪方法，最大限度地保持食物本身的味道和营养，就是清淡饮食，就是世间之珍馐。

学会享受食物的真味和营养

也许繁琐复杂的烹饪技巧让你的味蕾更加跳脱，但从营养学角度，清淡饮食最能体现食物的真味，最大限度地保存食物的营养成分。在高油高盐饮食给我们带来很多健康隐患的时候，不妨尝试去发现食材本身的"真"味。

真味，就是食物本来的味道。就拿蔬菜来讲，每一种蔬菜都有自己独一无二的味道。只要用心去品尝，一定会有令人惊喜的发现。

1. 新鲜、成熟度高的西红柿、黄瓜、生菜等，适合生吃。方法很简单，洗干净了生吃即可，爽脆多汁，非常可口，可以最大限度地享受食物本身的真味和保留最完整的营养。

2. 西蓝花、芹菜、苦瓜、菠菜等不适合生吃的蔬菜，可以选择凉拌。方法就是焯水之后凉拌，稍加一点油、盐，也可以最大限度上保留蔬菜的原味。注意需要凉拌的蔬菜，建议在焯水之后再切。这样可以最大限度减少水溶性维生素和矿物质的损失。

3. 茄子、鱼、虾等可以选择清蒸，清蒸可以最大限度锁住蔬菜的营养。

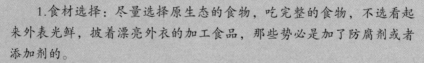

清淡饮食专家讲堂：手把手教你保留食物的真味

1.食材选择：尽量选择原生态的食物，吃完整的食物，不选看起来外表光鲜，披着漂亮外衣的加工食品，那些势必是加了防腐剂或者添加剂的。

2.烹饪油选择：最好选择小瓶装的麻籽油、橄榄油、葡萄籽油。因为油在空气中很容易被氧化，更重要的是，买量少价格贵的油，一定不舍得每次做菜时放很多，用油量一下子就控制住了。

3.此料非彼料：加食材本身的"料"而非"调料"。蒸大米饭时，加入杂豆、红薯等一些杂粮；炒菜时把几个品种的蔬菜放在一起炒成一盘。这样既能品尝到多种食物的真味，营养搭配的价值也越来越高。

过于"重口味"，您彻底了解吗

生活中，很多人的口味比较重，觉得口味淡的饭菜一点也不香、不好吃，喜欢吃一些口比较咸、比较辣或比较甜的饭菜。殊不知，这些"重口味"的食物虽然短暂满足了你的味蕾，但对健康却会埋下很大的隐患。

国人舌尖偏爱"油、咸、辣"

中国新闻网于2012年11月底至12月初，曾在全国范围内展开的"中国饮食小康指数"的调查。调查数据显示，国民最爱吃并经常食用的街头小吃中，被公认为"垃圾食品"的烧烤类食品以43.0%的比例占据榜首，油条、腌制类食品、麻辣烫和薯片，依次位居三至六位。也就是说，我国人吃东西有偏爱"油、咸、辣"的重口味嫌疑。

"重口味"是一种类似过瘾的宣泄感

现代人为什么偏爱"重口味"？社会学家和心理学家分析，在生活节奏不断加快的今天，人们的精神压力很大，身体的触觉，舌尖的味蕾都逐渐麻木，只有"油、麻、辣、咸"等重口味才能唤醒嘴巴的欲望。或者可以说，"重口味"不单单是一种味道，更是一种对身体的刺激感。这种刺激感所带来的"痛"，会促使身体分泌大量的化学物质——内啡肽，让人产生愉悦感。

"够辣！""够麻！""够酸爽！"每次尝试"重口味"的食物，大家都会有这种非常过瘾的感觉。这种在高度的精神压力下，跟随身体本能对外来刺激的狂热追求，代表现代人对压力的宣泄感，也恰恰反映出了人们自身感知能力的退化。

"重口味"影响健康

不要太纵容自己的胃口，你可知道："重口味"背后，是逐渐逼近的健康隐忧。

专家指出，不分地域、不分季节地过度吃过咸、过香、过辣或过甜的食物，容易使人超量饮食，甚至是暴饮暴食，从而引发肥胖及"三高"等问题。

相对于其他口味，"辣"似乎是国人的最爱。就拿酒来讲，酒是粮食精，

清淡饮食 您吃对了吗

成年男性每天喝25克的酒，或成年女性每天喝15克的酒，对身体有益。但调查发现，我国成年居民中过量饮酒比例达4.7%。而过量饮酒不但会增加高血压、心血管疾病和糖尿病的危险，还会增加患乳腺癌和消化道癌的危险。

《小康》杂志于2012年调查数据显示：80后人群中患神经衰弱的最多，其次是妇科病和高脂血症；70后人群中患肥胖症的最多，其次是高脂血症和神经衰弱；60后人群中患高血脂的最多，其次是心血管病和高血压；50后人群中患高血压的最多，其次是心血管病和高脂血症。从患病的类型来看，现在的社会已经进入名副其实的"高压"社会。

2012年6月，国家卫生部发布的《中国0～6岁儿童营养发展报告》显示，中国儿童的超重和肥胖问题已经日益突出。2014年，华盛顿大学健康指标与评估研究所的研究团队在《柳叶刀》上发表研究，指出过去30年里，中国的肥胖率急剧上升，导致4600万成人"肥胖"，3亿人"超重"。

目前，"祸从口入"的"重口味"现象已引起了人们的注意。医学界的主流意见就是提倡低盐饮食，以预防高血压及其并发症。其实，遏制重口味，不仅仅需要低盐，还需要控制油脂、糖分、刺激性调味品的用量。在下面的小节中，我们将一一详细介绍。

清淡饮食专家讲堂："口味重"会增加患高血压和心血管疾病的风险

世界卫生组织于2013年发布的最新摄盐标准是，成人每天吃盐要少于5克(相当于1茶勺)，2岁以上的儿童要更少。吃菜口味重，发生高血压和心血管疾病的风险会增加。

临床监测高血压患者的病情发现，使用同样的治疗方案，但患者每天多吃1克盐，血压就会升高1～2个毫米汞柱。这是因为食盐的主要成分是钠，摄入过量食盐时，血液中的钠浓度就会升高，为了冲淡血液浓度，身体就会吸收水分。每增加1克盐，身体内的水量就要增加100毫升，如此一来，血管壁就会受到很大压力，引起高血压。

🥣 控辣：从麻辣降到中辣，再到微辣，逐渐改变重口味

很多人喜欢吃辣，尤其是在吃卤味、炸物、面条等食物时，如果不加点辣，就感觉少了点滋味。确实，食物中有点辣味能促进食欲，少吃点儿对人体健康有一定的益处，但如果吃得太辣，就会对身体造成很大的危害。

为什么吃辣会上瘾

对爱吃辣的人来说，肯定有这样一种感觉，就是吃辣会上瘾，而且辣味还会越来越重。这是怎么回事呢？这是因为，辣椒素是一种含有香草酰胺的生物碱，能够与感觉神经元的香草素受体亚型1（vanilloid receptor subtype1, VR1）结合。由于VR1受体激活后所传递的是灼热感（它在受到热刺激时也会被激活），所以吃辣椒的时候，感受到的是一种烧灼的感觉。这种灼热的感觉会让大脑产生一种机体受伤的错误概念，并开始释放人体自身的止痛物质——内啡肽，所以可以让人有一种欣快的感觉，越吃越爽，越吃越想吃。

生姜、胡椒、芥末、辣椒、大蒜等原料都具有辣味，而以辣椒所含辣味最为刺激、最为典型，因此也是使用最为广泛、特别重要的原料。辣椒及其制品是四川、重庆、湖南等地食品加工的重要原料，主要是利用辣椒及其制品中的辣椒素类物质赋予食品辣味。辣椒素类物质的主要成分是辣椒素和二氢辣椒素（约占总量的90%），提供了约90%的辣感和热感，食品中辣椒素类物质含量的高低直接影响食品的辣度。

在食品中，辣味受到食品中辣椒及其制品加入量、其他味（酸、甜、苦、咸、鲜、香等）、食用油和加工温度等的影响。而辣椒及其制品加入量的多少是最主要的影响因素。同时根据食品特色和加工要求的不同，会用到一种或多种辣椒及其制品，因此可以看出食品中辣味强弱的影响因素比较多。

当辣味刺激舌头、口腔的神经末梢时，机体的神经系统会反射性地出现心跳加速、唾液及汗液分泌增加、肠胃蠕动增快而加倍"工作"，神经组织的这种反应可以影响机体的情绪，使人短时间内高度兴奋。于是，我们闻到浓郁的辣味就有进食的欲望，对嗜辣也越来越上瘾。

少量食辣有益健康，嗜辣对身体伤害大

从营养素角度来讲，人体宜摄取少量辣椒，尤其是素食者或饮食偏清淡者。一方面，辣椒的维生素C（每100克辣椒中就含105毫克维生素C）和维生素E的含量非常高，可以增加人体免疫力，而且辣椒（包括甜椒、彩椒等）中的辣椒素还有很好的抗氧化功能。另一方面，辣椒性热，而植物性食物多为寒性，适量食用辣椒可以中和植物性食物的寒性，符合食物的膳食平衡原则。实际生活中，我们也会发现，辣椒可以刺激食欲、加快血液循环、增强体质。

辣椒虽然营养丰富，又有一定的药用价值，但食用过量对人体健康有害。从表象看，过量食辣可能会导致痤疮、皮肤过敏等症状。从内在机理看，过多的辣椒素会剧烈刺激胃肠黏膜，使其高度充血、蠕动加快，引起胃痛、腹痛、腹泻并使肛门烧灼刺疼，诱发胃肠疾病，促使痔疮出血。特别是红辣椒，性味大辛大热，建议少吃为好，特别是北方地区的人们，或者有牙痛、喉痛、胃炎等热病症，更应慎食。

除了辣椒，胡椒、花椒也应少食。因为这些食物不但具有很大的刺激作用，而且还具有"发散"作用，过多食用，容易"耗气"，可能导致气虚，致使免疫力降低。但大蒜、葱白等辛辣食物对健康人有一定的好处，可以适量食用。

控辣：逐步改变重口味

虽然嗜辣对人体有害，但如果让无辣不欢的人立即戒掉吃辣，那似乎是一个不可完成的目标。积习难改，然而如果改变是利好的，我们为什么不试试用科学的方法来改变呢。

首先，辣到一定程度，我们的舌头都麻了，也就是说嗜辣者以麻辣为主。那么，你可以尝试先从麻辣降到中辣。比如之前调料都用的是尖红辣椒、朝天椒，你可以改成为尖椒，尤其是尖椒不去籽，也可以保持中辣的感觉。这个过程你可以花两周的时间来过渡。

等你的味蕾适应了中辣，渐渐吃尖椒时去掉籽，或者调料改为小茴香、大蒜等，也就是从中辣过渡到微辣，坚持微辣水平，就会对身体利大于弊。通常坚持4个星期，口味就会慢慢变轻，坚持3个月到半年，就能达到持久性的改变。

需要注意的是，有些人喜欢购买各种辣椒酱，在吃卤面、拌米饭时食用。然而，消费者从包装上很难判断出辣椒酱的辣度如何。由此，我国调味品协会于2015年已经完成首部辣椒酱国家标准的初稿，将依据辣椒素的含量将辣椒酱分为轻辣、微辣、中辣、特辣4个等级。预计在不久的将来，这些标准会以度数的形

式标于辣椒酱外包装上。

解辣：认识这些解辣"神器"

吃了辣味食物，怎么办？这些解辣"神器"可以迅速解救你的味蕾。

热水：不要以为冰水解辣，其实热水更能带走停留在舌头表面的辣油，只须喝2到3口，就能"水到辣除"。

冰冻牛奶：因为有冰冻功效，而且本身也比较黏稠，因此冰冻牛奶具有良好的镇痛功效，可尝试把牛奶含在口中数秒，效果更佳。但需要提防喝太多牛奶和原本的辣食混杂，造成腹泻。

生黄瓜：吃辣后立即嚼生黄瓜，黄瓜的微涩能中和辣味，舌头的痛楚也迅速解除，万试万灵。

醋：什么醋都可以，因为醋酸是有效解辣的物质。当时最好不要直接喝醋，口感不好还容易烧心，所以最好是食用一些醋腌品，如酸萝卜、酸芽菜等，也是解辣佳品。

酸梅汁：原理和醋一样，除了酸味有效中和辣，纾缓舌头麻痹痛楚，酸梅汁更有清凉功效，有时候辣吃得多了，喝点酸梅汁，解辣顺便下火，一举两得。

清淡饮食专家讲堂：吃辣不上火的窍门

辣可以激发我们的食欲，当然吃多了就会上火。下面教你怎么搭配食物吃就不会上火喽！

1.吃辣菜，主食最好选粗粮。因为粗粮中的膳食纤维含量丰富，可预防由肠胃燥热引起的便秘。推荐粗粮：玉米、白薯、薏米。

2.吃辣多喝汤水。吃辣容易引起咽喉干燥、嘴唇干裂等症状，喝汤水可以缓解辣味。喝碗青菜或番茄蛋汤可起到生津润燥的效果，喝酸奶或牛奶不仅可以解辣，还有清热作用。

3.吃辣餐后多吃酸味水果。酸味的水果含鞣酸、纤维素等物质，能刺激消化液分泌、加速肠胃蠕动，帮助吃辣的人滋阴润燥。吃点苹果、梨、石榴、香蕉，或吃些山楂、葡萄、柚子，都有去火的作用。

4.烹调时用鲜辣椒代替干辣椒调味，可减少上火。因为，鲜辣椒经过高温烹炒，辣味会有所减轻。如果菜中已经放了辣椒，就别再放花椒、大料、桂皮等的热性调料，否则"热上加热"，更容易上火。

清淡饮食 您吃对了吗

控盐：烧菜晚放盐，限制含盐调料，少喝菜汤

清淡饮食的第一条就是"口轻"，也就是控盐，做到口味清淡，减少钠盐的摄入量。前面我们已经讲过，低盐饮食指每日可用食盐量不超过2克，也就是约1个牙膏盖的量，含钠0.8克。或者日摄入酱油量为10毫升，但不包括食物内自然存在的氯化钠。

吃盐的害处

大家也许都发现了，近几年无论是医生还是营养专家，一直在倡导低盐饮食。为什么这么说呢？因为高血压、肾病、上呼吸道感染、心脑血管疾病等，大多与食盐过量摄入有关系。

1.食品过咸导致血管过早老化。"要想生命常青，保持血管常轻。"这是心脑血管医生挂在嘴边的话，而食盐过量是造成血管硬化、老化的罪魁祸首。

2.大量吃盐导致呼吸道的免疫力下降。吃盐多了会导致上呼吸道感染，咳嗽患者多与日常饮食盐过量相关。

3.恶性肿瘤都有可能和大量吃盐有关。比如胃癌可能就是过多吃盐引起的，因为盐会刺激胃黏膜。癌症百分之四十都和吃的东西有关。吃盐过多还有可能引发睡眠猝死。吃盐过多可能加重糖尿病。

控盐的益处

低盐饮食主要适用于有心脏病、肾病、重度高血压等患者，并不适合所有人。但是，根据居民饮食习惯调查发现，我国居民钠盐的摄入量远远超过世界卫生组织的标准要求。因此，炒菜时适当控盐，是对健康的负责。

民间经常认为"着凉""受寒"是流感流行的根本原因，但科学研究已经证实，人体对流感的易感性（包括上呼吸道炎症类疾病）与食盐摄入量有关。高盐饮食严重降低人体细胞的防御功能，从而抗御流感的能力也会随之减弱。

医学研究已经发现，高浓度的钠盐具有强烈的渗透作用。钠盐的这种渗透作用，从医学角度出发，可以杀死细菌或抑制细菌的生长繁殖，但在人体代谢中，同样也可影响人体细胞的防御功能。我们在日常生活中也可能有所体会，就是盐吃多了，会感到口渴。这是因为摄入食盐过多会使唾液分泌减少，口腔内存在的溶菌酶也相应减少，所以感到口渴。口腔干燥的直接后果就是使病毒更容易在上呼吸道黏膜"落脚"。

随着钠盐的渗透、上皮细胞被抑制、大大减弱或丧失了包括分泌干扰素在

清淡饮食您吃对了吗

内的抗病能力，流感病毒的神经氨酸酶对细胞表面黏液多糖类发生作用而侵入细胞内，使咽喉黏膜失去屏障作用，其他病毒、细菌亦会"趁虚而入"，往往可同时并发咽喉炎、扁桃体炎等上呼吸道炎症。

控盐除了饮食少盐，还要尽量控制高盐食品的摄取量。判断是否高盐食品最简单的办法是查看食物标签，尽量选择含钠（Na）低的包装食品。

因此，为了减少感染流感的概率，大家在日常生活中要适当控盐，以增强人体自身对流感的抵抗能力。那么，在生活中，我们应该怎样控盐呢？

日常生活中怎么控盐

Step1. 炒菜晚放盐

很多人知道炒菜尽量少放盐有利于健康，但不知道放盐时间的早晚也有讲究。其实，炒菜晚放盐胜于早放盐。这是因为，烧菜时最后放盐，可以把盐撒在食物表面，不会使盐进食物内部太多，增加口感，可以减少近1/3的食盐摄入量。

Step2. 限制含盐调料

除了食盐，很多调料也含有食盐，比如酱油、甜面酱、老干妈等多种调料中都含有食盐，就连鸡精也含有盐分，1勺鸡精中约含有半勺盐。所以，控盐不仅仅要控制食盐的摄取量，也要限制含盐调料。

Step3. 少喝菜汤

尽量不要喝菜汤，尤其是婴幼儿，更不宜喝菜汤，或用菜汤拌饭。因为盐溶于水，菜汤中含盐量高。

Step4. 适当增加高钾食物的摄取量

人体血清中钾浓度只有3.5～5.5毫摩尔／升，但钾却是生命活动所必需的。钾在人体内的主要作用是维持酸碱平衡，参与能量代谢，尤其是可以促进钠的代谢。缺钾会减少肌肉的兴奋性，人容易产生倦怠感，浑身无力；钾和钠共同作用，调节体内水分的平衡，当人体钾摄取不足时，钠就会带着许多水分进入机体细胞中，使细胞破裂而导致水肿。

儿童每日应摄取钾1600毫克，成人每天2000毫克。高钾食物名单：香蕉、柑橘、草莓、柚子等水果；毛豆、山药、菠菜等蔬菜；紫菜、海带等海产品。

咸香淡无味，如何控盐都不寡味

俗话说："咸香淡无味。"意思是说，盐是一种提味品，放盐多了菜自然就香，反之放盐少了，口味自然就寡淡了。但是食盐过多不利于机体健康，我们在控盐的同时怎么保证口味不寡淡呢？

1.学会品尝食材本源的美味

我们习惯用精心烹饪的菜肴来体现食物的美好，其实食材本源的味道是最纯正、最自然、最美好的味道。你可以试试仔细咀嚼白米饭、白馒头，里面有麦芽的回甘，丝丝的甜糯而又柔滑，似乎有麦田的味道。在合适季节，寻找适合食材，亲手还原食物本源味道，方为人生真味。

2.利用蔬果本身的自然风味

例如，可以利用青椒、番茄、洋葱等口味浓烈的食材和味道清淡的食物一起烹煮，提高口感的美味；利用葱、姜、蒜等经食用油爆香后所产生的油香味增加食物的可口性；使用白醋、柠檬、苹果、橘子、番茄等各种酸味食物增加菜肴的味道；利用糖醋调味，相对减少对咸味的需求；将盐末直接撒在菜肴表面，有助于刺激舌头上的味蕾，唤起食欲。

3.可用中药材与辛香料调味

在医生或营养师的指导下，可以使用红枣、枸杞、当归、枸杞、肉桂等中药材，或者用八角、花椒等辛香料来添加风味，减少用盐量。

其实，人的口味都是后天养成的，也是可以逐渐改变的。家长要尽量培养婴幼儿或少年儿童正确的饮食观，让他们从小习惯清淡口味，将使其受益终身。一旦养成清淡口味，喜欢吃原味的食物，再吃咸的东西反倒会不习惯。

清淡饮食专家讲堂： 控盐要避免吃盐渍小吃或含盐量高的食物

盐渍小吃泛指一切用食盐腌制的食物，比如腊肉、咸鱼、咸菜、咸蛋、椒盐花生米等含盐量高，尽可能不吃或少吃。

火腿、香肠、牛肉干、猪肉干、肉松、茶叶蛋、肉酱、各种鱼罐头、豆腐乳、豆豉、豆瓣酱、味精、鸡精等含盐量较高，也应该限制摄入。

控油：用蒸、煮、炖、焖、氽、拌等烹调方法，代替煎、炸、烤

食用油，是我们日常的饮食生活中必不可少的一种作料，除了能让菜肴更加美味以外，同时食用油中所含有的各种营养物质也都是我们人体所需要的。说到炒菜用油，好像60%以上的家庭都存在一些误区。

警惕！炒菜用油的误区

误区一：油冒烟才"炝锅"

炝锅，是指将姜、葱、蒜或其他带有香味的调料放入烧热的底油锅中煸炒出香味，再及时下菜料的一种方法。几乎所有的中国人都习惯锅内油冒烟后再"炝锅"，认为这样炒菜很香，够味儿。

然而，专家认为高温炝锅不科学。如果锅内的油温过高，会使食用油里面所含有的一些营养物质遭到破坏，并且还会产生一些过氧化物和致癌物质。建议在炒菜的时候可以先把锅烧热，然后再放油，再放菜。这样既可以热油，又可以达到爆炒的效果，一举两得。

误区二：只吃植物油

随着肥胖症、"三高"问题的到来，越来越多的人意识到摄入大量的动物油是问题的根源之一，于是人们开始坚决杜绝动物油的摄入量，而千篇一律地选择植物油。但如果长期不吃动物油，就会造成体内维生素及必需脂肪酸的缺乏，影响人体的健康。其实在一定的剂量下，动物油（饱和脂肪酸）对人体是有益的。

误区三：油的品种单一

也许是听了广告上橄榄油更利于健康，也许为了方便以及健康，很多家庭通常都长时间只吃一种品种的油。品种单一的植物油容易导致人体摄取营养不全，最好是几种油交替搭配食用，或一段时间用一种油，下一段时间换另一种油，因为很少有一种油可以解决所有油脂需要的问题。

误区四：用油量的控制

也就是我们所说的控油，尤其是老年人、肥胖人群、与肥胖相关疾病的人群等，在用油的量上要做到严格的控制，每天不能超过20克，而健康人也不宜超过25克。

你的炒菜用油超标了吗

健康的食材要用健康的烹饪方式来烹饪，为了饮食健康，炒菜在控盐的同时也要控油，就是注意控制炒菜的用油量。

中国有句俗语："礼多人不怪，油多不坏菜。"于是，在经济条件日益优越的今天，人们炒菜时会放很多油。但是，用油量的多少不仅仅关系到饭菜的口味，还与我们的健康息息相关。炒菜油少味道不香，但有益身体健康；炒菜油多是导致肥胖、高血压、代谢疾病、心脑血管疾病的重要诱因。

在"不差油"的今天，你炒菜的用油量超标了吗？做一个小测试吧！

1. 主食是1个全麦馒头或清汤挂面等少油的主食。　　　**1分**

2. 主食是葱油饼、手抓饼、炒饭等多油的主食。　　　**2分**

3. 正餐中，有一份普通炒菜。　　　**1分**

4. 炒菜中，有烧茄子、蘑菇、土豆等非常吸油的蔬菜。　　　**2分**

5. 用炒菜的油汤拌饭，或喝了1碗油汤。　　　**2分**

6. 餐桌上，有炸春卷、炸丸子、芝麻球等油炸食品。　　　**3分**

测评：

得分在3分以内，说明用油量很低，饮食控油做的很好。

得分在4～7分之间，说明用油量中等，需要学习控油的知识。

得分在8分以上，说明用油量超标，饮食控油亟待调整和改善。

清淡饮食 您吃对了吗

科学控油享美味

为了满足我们日益"挑剔"的味蕾，大家在控油的同时，也要兼顾烹调的美味。

改变单一的炒菜烹调方式

大家最经常做的菜就是炒菜或红烧，这样炒菜省事、方便而又美味。其实不妨试试蒸、煮、炖、焯等不同的烹调方式。比如清蒸鱼味道非常鲜美，水煮丸子更滑嫩，炖煲汤更营养等。更重要的是，这些烹调方式比炒菜、红烧菜用油少，对预防摄入过多的油脂有益，可减少肥胖、代谢性疾病的发生。

炒菜控油

炒菜控油主要是针对一些素菜，比如豆角、青椒、莴笋等吸油较少的蔬菜。清炒这些素菜后，可以把菜锅斜放2～3分钟，让菜里的油流出来，然后再装盘。这样做的目的：一是为了还原素菜清淡爽口的味道，使菜肴看起来不发腻，更美观；二是节省油，这些控出的油可直接用来做凉拌菜，味道比色拉油更香。

拌凉菜时最后放油

这和炒菜最后放盐有异曲同工之妙。拌凉菜，最后放1勺香油或橄榄油，然后马上食用。这样油的香气可以有效散发出来，食物还没有来得及吸收油脂。这样吃凉拌菜摄入的油脂自然也就少了。

改"过油"为"焯水"

大家做荤素搭配的菜时，习惯先把肉用调料腌制一会儿，然后下油锅炒，俗称"过油"。然后再另起锅炒素菜，素菜快好时加入"过油"后的肉，翻炒几下出锅。其实肉片的"过油"程序可改为"焯水"，即用沸水把肉片快速烫熟，变色后捞出备用。因为肉类本身富含脂肪，只要加热迅速，就能做出口感柔嫩的肉片。把肉煮到七成熟再切片炒，这样一来，就不必再为炒肉单独放一次油。

> 改"过油"为"焯水"，可以把肉里的一部分油先煮出来，减少肉的脂肪总量。炒菜时，等其他原料半熟时，再把肉片扔下去，一样很香，不影响味道，口感还会清爽很多。

煲汤后去油脂

煲鸡汤、排骨汤、猪蹄汤时，汤表面会出现一层油脂。不要以为这是汤内的营养物质，这是对人体有害的嘌呤。煲汤完成后，要把上面的油脂撇出来，可以减少不少油脂的摄入。需要提醒的是，撇出来的油可以加一点肉汤或鸡汤，用来做冬瓜汤、白菜炖豆腐之类的素菜，比用素油做更鲜美。

用烤代替煎炸

有些朋友喜欢煎炸类饮食，不吃就馋得慌。其实这些食物也可以用烤箱烤或不粘锅烤熟食用。比如鸡翅、肉排等，可以试试不用油炸而换为在烤箱内双面烤制，香脆可口，而且脂肪含量能从油炸后的22%下降到8%以下。

少油可用调料调节

调味的时候，不能仅仅依靠油来得到香味，还可以多用一些浓味的调料，比如制作蘸汁时放些葱、姜、蒜、辣椒碎和芥末油；蒸炖肉类时放点香菇、蘑菇增鲜；烤箱烤鱼时放点孜然、小茴香、花椒粉；炖菜时放点大茴香（八角）、草果、丁香等。即便少放一半油，味道也会很香。

控糖：糖是一种调味品，尽量少食

人对甜味的好感似乎与生俱来。比如给小宝宝准备不同口味的饮品，宝宝感到愉悦的一定是加了糖的甜水。也是因为这种与生俱来对甜味的好感，有些朋友炒菜也会放糖。这是需要注意的。多放醋、少放糖，才是正确的方法。因为酸味可以强化咸味，烹制菜肴时放点醋等调味品，可以帮助舌头适应少盐食物。

市面上有很多种类的糖，最常见的是白糖、红糖和冰糖。民间说红糖的补血效果好，医学界是打问号的。因为补血一般需要补铁，铁的关键不在含量多少，而是在于吸收率的高低，而吸收率的高低关键看铁的类型。铁的类型有植物型，比如菠菜、芹菜含有植物型的铁；另外一种是动物性的铁，含在各种动物肝脏中，吸收率后者高于前者。所以红糖的补血效果有限。白糖是在红糖的基础上提纯，营养价值要比红糖低一些，但口感比红糖好些。再经过提纯最后结晶形成的就是砂糖，也就是冰糖。冰糖特别纯，除了甜味没多大营养价值。

所以，大家看到了，糖只是一种调味品，营养价值并不高，应尽量少吃。

清淡饮食专家讲堂：木糖醇可以替代糖吗?

有些朋友认为，既然糖对健康不利，个人又喜欢甜味，可否用木糖醇来替代糖。木糖醇只有甜味，不含热量，所以吃木糖醇不会造成肥胖或血糖升高等不良后果。但是，木糖醇不是人体需要的营养素，不建议替代糖。而对于需要控制血糖的人群，木糖醇可以用作糖的替代品。

第五章

择时而食：
四季清淡饮食怎么吃

自然界有春温、夏热、秋凉、冬寒等气候变化特点，这些气候特点也在影响着人体。根据中医学"天人合一"的理念，人体只有顺应四时阴阳规律——"春夏养阳，秋冬养阴"，方可强身健体，养生防病。清淡饮食在不同的季节，也有不同的侧重点。四季择时而食，也是清淡饮食的基本原则之一。

不同体质的饮食建议

中国传统医学将人的体质分为寒、热、虚、实等类型，无论是防病治病，还是养生保健，都要根据不同的体质来选择适宜自己的食材，以更好地疗疾与养生。

寒性体质者

体质特征：怕冷畏寒，经常手脚冰凉；面色发白，舌头较白；尿多而色淡；不爱喝水也不觉得口渴；行动比较迟缓，常感乏力；精神虚弱，很容易疲劳。

饮食建议：饮食以温补肾阳、祛寒气为主。应该多吃一些温热性的食物，少吃凉性食物，寒性的食物就不要吃了。

清淡饮食推荐：生姜、桃子、龙眼。

热性体质者

体质特征：总感觉发热，不喜欢热天；舌头偏红，有厚厚的黄色舌苔；经常红光满面，容易口渴，觉得口里发苦；很容易亢奋，脾气不好；尿量少色偏黄，大便容易干结。

饮食建议：以清内热的食物为主，应该多吃一些寒凉性食物，平性食物也不能少，少吃温性食物，不要吃热性食物。

清淡饮食推荐：苦瓜、番茄、茭白、藕、竹笋、甘蔗、梨、西瓜、柿子、香蕉等。

实性体质者

中医所说的实性体质是指体内阴阳偏盛，痰、瘀等邪气内结所形成的体质特征。实性体质的人在生活中表现得很好，很"健康"。男性为实性体质的人比较多，很多小孩也偏于实性体质。

体质特征：口干口臭，呼吸气粗，容易腹胀；体力充沛而无汗；活动量大，声音宏亮，身体强壮，肌肉有力；心情容易烦躁不安；舌苔厚腻；大便秘结、小便色黄。

饮食建议：实性体质的人要以清降平衡为主，不要因为抗病能力强就不注意饮食。实性体质的人如果过多吃一些滋补的食物，就可能导致体内毒素过多，严重的可能会加重便秘。实性体质的人应该多吃一些寒凉性的食物，少吃或不吃温热性的食物。

清淡饮食推荐：黄瓜、芹菜、芦笋、梨、西瓜等。

虚性体质类型	体质特征	特定人群	饮食建议	清淡饮食推荐
气虚体质	面色偏黄或白，目光少神采，容易出汗；精神疲倦，身体疲乏无力；舌头淡红，口味发淡	身体较弱，没有力气，胖人和瘦人都有，但瘦人居多	宜多食补气养气的食材	山药、红薯、香菇、大枣、樱桃等
血虚体质	毛发枯燥，肌肤没有光泽；容易头晕，记忆力不好，经常心悸，或失眠；指甲、嘴唇颜色淡白，女性月经量少，甚至闭经	血虚的范围较广，一般是指女性月经过后、产后，或其他人群长期营养不良或失血过多的身体状况	以滋补肝脏、补血养心为主，其次兼顾健脾养胃与滋补肾脏	胡萝卜、莲藕、黑木耳、红枣、龙眼、葡萄等
阴虚体质	身体消瘦；两眼干涩，视物昏花；颧部常发红，鼻子中微干，甚至流鼻血；手心、脚心发热；大便偏干，或者便秘；舌头发红，舌苔较少，甚至没有舌苔；心烦气燥，易怒	由于体内津液精血等阴液亏少，表现出阴虚内热为主要特征的体质状态	阴虚体质者体内津液耗伤过度，容易出现各种热证表现。所以，阴虚体质的人在饮食调理上应多吃些具有滋阴降火、生津润燥功效的食物	大白菜、冬瓜、黄瓜、紫菜、梨、百合、山药等
阳虚体质	非常怕冷，就算天气热也很怕冷；脸色苍白，四肢冰冷；精神不振，嗜睡，没有力气；男性阳痿、早泄，性欲减弱；女性月经量增多，白带清而稀	阳虚体质通常是肾阳不足，大多数是男性或高龄老人，久病不愈的人也容易阳虚	阳虚体质者养生重在温阳，同时还需注意养阴。要慢温、慢补，缓缓调治。此外，阳虚体质者还需兼顾补养脾胃，因为脾胃健运，才能饮食多进	荔枝、龙眼、樱桃、杏、核桃、栗子、韭菜、香菜等

春季易上火，饮食清淡消春火

饮食养生需"合乎四时，天人相应"，也就是说要顺应四季的变换，达到"四季五补"的效果。这一点在《黄帝内经》中早就有"春夏养阳，秋冬养阴"的总结，在民间亦有"春天补肝、夏天补心、秋天补肺、冬天补肾、长夏补脾"之说。那么，四季应该如何进补呢？

🍲 春季气候特点和养生原则

春季，是四季中最早的季节，从立春之日起到立夏之日止。春天，大自然的阳气初升，人体的阳气也随之向上升发。人体腠理疏松，阳气易外散发泄，加上气候转暖，人体活动容易出汗，耗伤津液，所以应及时食用清淡易消化的食物，以滋养机体，固护脾胃之阳气。春季养生的原则是顺应自然界阳气渐生而旺的规律，保护人体的阳气。

🍲 春季的调养重点

春季宜养肝，以排毒为主，并保持心情舒畅，以便肝气顺达、气血疏通。

🍲 春季的饮食原则

▬ 原则一：春季饮食宜清淡，调节肠胃是王道

春节期间，不少人的饮食习惯和作息规律被暂时打乱，节后消化不良、食欲减退、厌食、腹泻等胃肠道综合征时有发生，营养也都超标，素有"逢年过节胖三斤"的说法。而且春季宜上火，经常出现口苦咽干、舌苔发黄等情况。

因此，节后调整饮食习惯，饮食宜清淡，忌油腻及刺激性食物，比如多吃清淡、清爽的白粥、清炒小菜等，方能逐渐调整好肠胃功能，尽快回到神采奕奕的生活中去。

▬ 原则二：春阳升发需护肝，绿色入肝助春阳

春在五行中属木，人体五脏之中肝也是属木性，因而春气通肝。中医认为，春天是肝旺之时，趁势养肝可避免暑期的阴虚，而过于补肝又怕肝火过旺，如果肝气升发太过或是肝气郁结，都易损伤肝脏。

绿色入肝，因此春季宜多食新鲜应季的青绿色蔬菜，比如菠菜、芹菜、韭菜、黄瓜等，对清肝火有很好的作用，还可以促进体内油脂和毒素的排出。此外，肝主情绪，春季养生也要注重精神调理，保持心胸开阔，情绪乐观，以使肝气顺达，气血调畅，达到防病保健康之目的。

▆▆ 原则三：春季需发散寒邪，少酸多甘养脾脏

唐代医药学家孙思邈在《备急千金要方》中说："春七十二日，省酸增甘，以养脾气。"春季饮食应少酸味，多甜味，以养脾脏之气。宜多吃大枣、山药、藕、莲子、百合、芋头、萝卜、荸荠、甘蔗、豌豆苗、茼蒿、荠菜、春笋、韭菜、香椿等健脾养胃的食物。食用这些东西，对人体春季阳气升发也很有益处。

▆▆ 原则四：春季多风宜清肺，祛痰养肺保平安

春季干燥多风，是慢性气管炎、支气管炎、肺炎等疾病的高发季节，所以春季要做好食疗保养。山药、白萝卜、百合、梨、核桃等，都是不错的润肺食物，而且可以提高人体的自身免疫功能，宜多食。

🍲 春季的饮食宜与忌

- ✓ 在早春气候较冷的时候，要多食用一些温补性的食物，如牛蒡、胡萝卜、山芋、薯类和青菜。
- ✓ 春天容易口干舌燥、皮肤粗糙、干咳、咽痛，可以多食用一些补充津液的食物，如梨、山楂等。
- ✓ 春天病毒流行较多，增强人体的免疫能力很重要，应该多吃一些含维生素、抗病毒的食物，如小白菜、油菜、青椒、番茄等蔬菜和柑橘、柠檬等水果。
- ✓ 春季宜吃蔬菜：胡萝卜、韭菜、菠菜、白菜、卷心菜、苋菜、芥菜、香椿、香菜、莲藕、土豆等。
- ✓ 春季宜吃水果：甘蔗、草莓、木瓜、菠萝、樱桃等。
- ✗ 忌吃生冷油腻的食物，凉拌蔬菜的时候最好选用植物油，不宜用动物油。
- ✗ 少吃酸味食物，否则可能使肝气过盛而损害脾胃。
- ✗ 忌吃热性食物，羊肉、狗肉、炒花生、炒瓜子、海鱼、虾等都要少食用。

清淡饮食 您吃对了吗

夏季饮食清淡，消暑防病

夏季的气候特点和养生原则

夏季是四季中最热的季节，从立夏之日开始直到立秋之日。夏季炎热，阳气最盛，人体的新陈代谢旺盛，人体通过排出汗液来调节体温，以适应夏天的暑热。人体五脏中的心与夏季相对应，夏季容易心火上炎、肺胃积热，引起夏季尿多便少，食欲不振，乏力气短。夏季要多吃一些生津止渴、清热解毒、益气养阴的食物。

夏季的调养重点

夏季要注意脾胃的调养，并要避免烦躁情绪，以免心火旺盛影响日常生活。

夏季的饮食原则

原则一：饮食宜清淡，肥甘油腻有隐患

夏季饮食的第一个原则就是清淡。这里说的清淡是指少盐、少油、少糖和少刺激。夏季气温很高，人体很容易缺水，饮食过咸轻则造成脱水，使血压异常或升高，严重者可造成脑血管功能障碍；过食肥腻辛辣食品极易损伤脾胃，引发疔疖之疾；甜食太多易导致肥胖、高脂血症，甚至糖尿病；夏季流行在户外吃烧烤，但烟熏火燎、煎炸之品一定要慎吃或不吃，以防留下癌症隐患。

原则二：夏季多暑多湿，清热利湿是关键

夏季阳气旺盛，万物生长，天气也比较热、降水丰富，不仅湿气较重，更会促使细菌与病毒的滋生，比较容易诱发皮肤过敏及消化系统疾病。不仅如此，多暑多湿的夏季，人们经常会出现头沉重、抑郁、倦怠、胸闷、胃口不好等症状。因此，夏季饮食宜清淡，可多吃具有清热利湿作用的食物，如绿豆粥、荷叶粥、红豆粥等，或用冬瓜与莲叶、薏米共煮汤喝。

原则三：夏季汗多偏酸性，碱性食物适量增

夏季气温高，人们经常汗流浃背，造成人体水分丢失，随之丢失的盐及钾离子也倍增，体内就会出现酸多碱少。要维持体内正常的pH值，就需要适当多

进食一些碱性食物，如苦瓜、丝瓜、冬瓜、黄瓜、西瓜、海带等，不仅有利于体内酸碱的平衡，更有助于祛湿、防暑、缓解疲劳、提神醒脑。

> 夏季宜多食瓜类蔬菜，这些蔬菜的含水量都在90%以上，非常适合水分流失过多的夏季食用。此外，所有瓜类蔬菜不仅有利于体内酸碱度的平衡，还都具有降低血压、保护血管的作用。

■■ 原则四：夏季疾病多发季，杀菌蔬菜可疗疾

夏季是疾病尤其是肠道传染病多发季节。多吃些"杀菌"蔬菜，可预防疾病。这类蔬菜包括：大蒜、洋葱、韭菜、大葱等。这些葱蒜类蔬菜中，含有丰富的植物广谱杀菌素，对各种球菌、杆菌、真菌、病毒有杀灭和抑制作用。其中，作用最突出的是大蒜，最好生食。

🍲 夏季的饮食宜与忌

- ✓ 夏季食欲减退，脾胃功能较弱，在饮食上应该以清淡爽口又能刺激食欲的饮食为主，要注意食物的色、香、味，这有助于开胃增食，健脾助运。

- ✓ 夏季炎热，应该多吃一些生津止渴、清热解毒的食物，如绿豆、西瓜、番茄、苦瓜、冬瓜、丝瓜、黄瓜、草莓、茄子、苋菜等。

- ✓ 夏季人体对糖分和热量需求较大，饮食上应该注意荤素搭配，以青菜、瓜类、豆类蔬菜为主，辅以荤食。

- ✓ 夏季人体容易"上火"，应该吃一些清热去火的食物，如苦瓜就能清泄暑热，健脾，增进食欲。

- ✓ 夏季出汗较多，容易伤阴，应该适当吃一些味酸的食物，能够敛汗、生津。如山楂、乌梅等。

- ✓ 人在夏季容易出现倦怠无力、头昏头痛、食欲不振等不适，可以吃一些富含钾的蔬果，如大葱、芹菜、毛豆、杏、荔枝、桃子、李子等。

- ✕ 忌吃过多生冷的食物，如冷饮。生冷食物偏寒凉，容易损伤脾胃阳气，导致腹痛、腹泻。可在做生菜沙拉、西瓜、苦瓜等，加入葱、姜，降低蔬菜寒凉性质。

- ✕ 忌吃水果过多。夏季水果丰富，有的人往往拿水果充饥解渴，稍不注意就会摄入过多的糖分。要注意蔬菜和水果都要兼顾，两者都要吃，并且蔬菜的摄入量要大于水果。

- ✕ 夏天不要过量吃西瓜，西瓜虽好，但是多吃容易伤脾胃，特别是体质虚弱、消化不良以及有慢性胃炎的人都要少吃西瓜。

清淡饮食 您吃对了吗

秋季要防燥，调味料少用保健好

🍲 秋季的气候特点和养生原则

秋季是四季中丰收的季节，从立秋之日开始到立冬之日为止。秋季的气候特点是阳气渐收、阴气渐长。入秋之后气候比较干燥、湿度较低，容易伤体内的阴气。《黄帝内经》说"秋冬养阴"，秋季养生的关键是养阴。秋季饮食以甘平为主，增强脾胃的功能活动，使肝脾功能协调，多吃一些有润肺作用的食物，少吃一些酸性食物。日常生活中要注意及时添减衣物，保持室内通风湿润，及时补充水分。

🍲 秋季的调养重点

秋季宜养肺，尤其要注意肺、皮肤以及大肠等器官的养护。

🍲 秋季的饮食原则

▬ 原则一：饮食宜清淡，少食辛辣不伤肺

古人有云："厚味伤人无所知，能甘淡薄是吾师，三千淡薄从此始，淡食多补信有之。"可见饮食清淡是对健康是有益处的。

秋季节气干燥，应该多进食一些滋润味甘淡的清淡食品，既补脾胃又能养肺润肠，可防止秋燥带来肺及肠胃津液不足所致的干咳、咽干口燥、肠燥便秘等身体的不适。一定少吃辛辣食物，因为秋燥伤肺，肺属金，通气于秋，肺气盛于秋。少吃辛味，是要防肺气太盛。

▬ 原则二：秋燥养阴津，清热润肺很关键

中医认为，秋季以养人体阴气为最根本所在。饮食方面应该多吃一些具有滋阴润肺以及收敛阳气作用的食材，这样才能够更好地从炎热的夏季过渡到凉爽的秋季之中。另外也应该多吃一些性温的食材，少吃一些寒凉的食物，这样才能够更好地巩固身体内的正气。

如果想要达到补肺润燥的效果，那么应该多吃一些蜂蜜、百合、梨等，因为这些食物可以起到滋阴生津的作用。另外也可以直接为身体补充水分，这样能够有效预防皮肤干裂。

原则三：秋为温补好时节，调料少用保健好

秋季是进补的好时节，但是一定要进行温补，千万不能够太凉或者是太热，这样很容易损伤身体。秋季干燥，不仅要少吃一些辛热香燥的食物，葱姜蒜等辛辣味道的调味品也要少吃一些，以免出现助燥伤阴的结果，导致身体内热加重，不利于身体健康。

原则四：晨起喝粥忌油腻，适当增酸增津液

中医养生学家提倡在秋季晨起喝粥。明代李梴认为"盖晨起食粥，推陈致新，利膈养胃，生津液，令人一日清爽，所补不小"。秋天少吃一些油腻并且煎炸的食物，因为这些食物难以消化，堆积在肠胃之中会加重内热，并不利于人体适应秋天燥热的情况。

秋季可以多吃一些味酸的食物。中医认为，金克木，即肺气太盛可损伤肝的功能，故在秋天要"增酸"，以增加肝脏的功能，抵御过盛肺气对肝脏的影响。此外还要谨记"秋瓜坏肚"。在夏季，西瓜是消暑佳品，但是立秋之后，不论是西瓜还是香瓜、菜瓜都不能多吃，否则会损伤脾胃的阳气。

🍲 秋季的饮食宜与忌

- ✓ 秋季气候干燥，经常让人感到鼻、咽干燥不适，应该多吃一些生津止渴、润喉去燥的蔬果，如藕、菠菜、梨、甘蔗、苹果、橘子等。

- ✓ 初秋还比较炎热，也可以吃一些清热解暑的食物，如莲子粥、绿豆汤、薄荷粥等。

- ✓ 膳食结构合理，注意营养摄入的平衡，注意主副食和荤素食品的搭配，符合"秋冬养阴"的原则。

- ✓ 秋季应多吃一些甘平清肝的食物，如豆芽、菠菜、胡萝卜、菜花、小白菜、芹菜等。

- ✗ 秋季饮食要注意"少辛"，姜、蒜、韭菜、辣椒等辛辣食物要少吃。

- ✗ 秋季忌多吃补药补品，忌过多服用参茸类补品，忌过多服用维生素片，忌过多食用肉食。

- ✗ 忌多吃寒凉食物，西瓜、香瓜、黄瓜、柿子、香蕉等都要少吃，以免引起腹泻、痢疾等。

清淡饮食 您吃对了吗

冬季清淡饮食，温暖又滋补

冬季的气候特点和养生原则

冬季气候寒冷，是哮喘、中风、高血压、感冒等疾病高发的季节，要注意保暖防寒。此时阴气盛而阳气弱，不宜过食生冷寒凉之物，以免损伤阳气，应给身体补充充足的营养及热量。食物应以温补为主，可以吃一些肉类，以及甘平偏温性的蔬菜和水果，以增强人的体质及抵抗严寒的能力。

冬季的调养重点

冬季以温补肾阳为主，宜固守元气、温补养身。

冬季的饮食原则

冬季饮食以温热性食物为主，可多吃生姜、辣椒、茴香等，以促进血液循环、加速新陈代谢、抵御严寒；忌食性凉的食物及冷饮。冬季喝热粥是养生的好选择，小麦粥可以养心除烦，芝麻粥可以益精养阴，萝卜粥可以消食化痰，茯苓粥可以健脾养胃。

冬季的饮食宜与忌

✓ 补充富含钙和铁的食物，可以提高人体御寒的能力，此类食物有黄豆、芝麻、黑木耳等。

✓ 补充维生素可以对血管起到良好的保护作用，增强御寒能力和对寒冷的适应能力，适宜进食的蔬菜有白萝卜、胡萝卜、黄豆芽、绿豆芽、油菜等。

✓ 冬天适宜吃一些含碘的食物，可以加快皮肤血液循环，增强身体御寒能力。含碘的食物主要有菠菜、大白菜、海带等。

✓ 可以适当吃些薯类，如甘薯、土豆等，不仅可以补充维生素，还有清内热、去瘟毒的作用。

✗ 忌过多吃火锅，冬天吃火锅是大多数人的选择，但是吃火锅的涮肉大多是七八分熟就开始食用，吃太多火锅，容易感染旋毛虫病。

✗ 忌吃太多橘子，橘子含热量较高，一次性食用过多，不论是大人还是孩子，都可能会"上火"，出现口舌干燥、咽喉肿痛等问题。

✗ 忌进补过多油腻厚味，饮食过于油腻厚味可能导致消化不良，进而影响脾胃功能，导致身体不适。

第六章

食有所属：
不同生理阶段清淡饮食的重点

不同生理阶段的人对营养的需求各不相同，营养专家将人生划分为五个时期：婴幼儿期、儿童期、青少年期、成年期及老年期，再加上女性怀孕、产后两个特殊时期。在不同的生理阶段，清淡饮食都可以呵护你的健康，满足你的营养需求。

婴儿：
宜少糖、无盐、少油、不加调味品

婴儿是指1周岁以内的宝宝。婴儿期是人一生中生长发育最快的一个阶段，一年内身高约增加50%，体重增加近2倍。婴儿期也是宝宝大脑发育最快的时期，头围由出生时的33厘米增加至1周岁时的46厘米，脑重量在出生一年后增重1倍以上，运动、感觉和语言功能也日趋完善。

然而，1周岁内的婴儿消化系统发育并不完善。也就是说，婴儿营养素的摄取不足会在短时间内明显影响宝宝的生长发育，但如果摄取过多或不科学会造成婴儿消化功能紊乱。一方面要给快速生长发育提供充足的能量和营养素，一方面自身的消化系统尚未发育完善，这就要求家长要更加合理、科学地为婴儿选择饮食。

婴儿食物的种类选择：乳类为主，循序渐进添加少量辅食

1周岁以内的婴儿以乳类为主。一般来讲，4个月之前的婴儿只吃乳类就可以满足其营养所需，4个月以后则需要在乳类的基础上逐渐增加一些辅助饮食。不同月龄的婴儿可增加的辅食是不同的，一定要按顺序逐渐添加，不可操之过急。

◎1～3个月月龄婴儿：本阶段的小婴儿属于新生婴儿，一般只吃母乳或配方奶粉就可以满足宝宝整天的营养所需了。但是母乳或配方奶粉中维生素比较缺乏，建议在婴儿出生2周左右补充维生素A和维生素D，也就是鱼肝油，或者是维生素AD滴剂，医院和正规药店都有售，一天补充1滴即可。补充维生素C可用苹果汁、西瓜汁、菜水等。

配方奶粉喂养的婴儿容易上火，建议从满月后就可以每日喂服20～30毫升的苹果水、胡萝卜水或菠菜水了，可分2次喂服。新生儿的消化功能非常娇嫩，因此最开始补充的果汁水或菜水都是水果或蔬菜洗净切碎后用开水煮的，不是榨汁机榨的，也不加任何糖或盐。

◎4～6个月月龄婴儿：4个月的婴儿唾液分泌开始增加，是添加辅食的最佳

时机。最开始给婴儿添加辅食，易消化又营养的米汤、米粉等淀粉类食物最为合宜。最开始只是米汤或米糊，等宝宝习惯辅食后，可以在5～6个月开始添加蛋黄，以补充铁元素。蛋黄最开始只是1/8，然后1/6，1/4,1/2,……大概6个月末期，可以增加至整个蛋黄了。6个月左右的宝宝有的已经开始出牙了，为了锻炼宝宝的咀嚼能力，可以添加一点点稀粥、菜泥或果泥了。

◎7～9个月月龄婴儿：这个阶段的婴儿可以吃蛋羹、菜泥、鱼肉泥、豆腐了。可以适当减少奶量了，为下一步断奶做好准备工作。

◎10～12个月月龄婴儿：婴儿大约从8～9个月开始已经会爬了，11～12个月逐渐从爬行到可以站立并练习走路了。这个阶段的婴儿唾液分泌丰富，各种消化酶种类也开始增多，肾脏的发育也日渐健全，在之前辅食的基础上，可以增加婴儿面、软面包、水果等。如果你有工作需要，这个阶段是医生和营养师建议断奶的较适宜时间。

婴儿饮食的口味选择：清淡可口，少糖、少盐、少油腻、不加调味品

这里讲的"清淡可口"，基本类同我们所讲的清淡饮食，是指少糖、少盐、少油、不加调味品的的清淡饮食。为什么这么说呢？

首先，俗话说"病从口入"。吃不洁或不适当的食物会引发疾病，尤其是婴儿的消化功能不健全，肾脏等器官功能不完善。

其次，重口味不适合婴儿。过多的盐会加重婴儿肾脏负担，损害肾脏功能；过多的糖使牙齿脱钙、软化，容易发生龋齿，也会伤及脾胃消化机能，影响食欲；过于油腻黏滞的食物对婴儿来讲难以消化，容易引起脂肪痢，甚至导致超重、肥胖等；调味品是添加剂，而且辛辣刺激性调味品过于刺激肠胃蠕动，易导致婴儿消化机能失调。

最后，婴儿期是味蕾发育和口味偏好形成的关键期，人的口味大多是从一开始养成的。让孩子从小体会并享受各种食物的原味，对其一生健康都会产生深远影响。

幼儿：
低盐、少糖、少调味品、精加工

宝宝出生第二年开始，母乳可以提供40%左右的能量和多种营养素，配方奶粉的营养配比是参照母乳来做的。也就是说，母乳或配方奶粉仍然是幼儿多种营养素的重要来源。因此，世界卫生组织建议坚持母乳喂养直至2岁（24个月龄）或更久，同时合理添加辅食，逐渐向家庭膳食过渡。

幼儿食物的种类选择：奶类以外，适当增加主食、蔬果和动物性食物的摄取量

母乳或配方奶粉仍然是幼儿的主要来源之一，对于已经断奶的幼儿来讲，每日需要给予至少350毫升的配方奶粉或液体奶，但不宜直接喂服成人奶粉、豆奶等。因而婴儿配方奶粉是严格参照母乳的成分，强化了钙、铁、锌等多种微量元素。

根据幼儿的生长发育所需，除了奶类以外，幼儿还需要安排每日的三餐两点，至少要保证四餐，一般2～3小时进食一次。这里的膳食最好包括五谷、薯类、水果、蔬菜和动物类食物。

五谷是传统的主食，这是幼儿增加膳食的第一步，婴儿第一次添加辅食也是从五谷或以五谷为原料的米汤、米粉开始的；蔬菜和水果是幼儿膳食的重要组成部分，维生素C、B族维生素、类胡萝卜素和矿物质，都是从蔬果中来的；动物性食物是蛋白质的重要来源，比如动物肝脏含有丰富的蛋白质、维生素和矿物质，而鱼类不仅蛋白质含量丰富，还富含号称人体软黄金的DHA，特别有利于婴幼儿大脑和视觉的发育。

幼儿饮食的口味选择：低盐，少糖，少调味品，精加工

俗话说"三岁看老"，是说幼儿期的生活习惯、性格类型几乎可以影响其一生。幼儿期是孩子饮食习惯养成的重要时期，培养孩子科学的饮食习惯必须从此时开始。

合理安排进食时间和时间间隔

除了奶类外，幼儿饮食最好保证三餐两点，各餐之间的相隔时间一般以2

～3个小时为宜。家长注意让孩子养成"按时按地"进餐的好习惯，比如每日上午9点、中午12点、下午6点必须是进餐时间，让孩子停止玩耍，坐在餐桌前认真进食。

幼儿的饮食要低盐、少糖、少调味品和精加工

对于幼儿饮食，不少家长以自己的标准来衡量，容易做得过咸或过香（调加各种调味品）来吸引幼儿对奶类以外食物的注意力。但是，幼儿的肾脏和身体的其他器官远远没有达到成人的成熟阶段，他们的脏腑器官没有能力充分排泄血液中过多的钠。因此，在口味和制作上，幼儿饮食宜淡不宜咸，提倡清淡饮食，防止伤害消化功能和脏器功能。此外，幼儿期常吃过咸的食物，幼儿成年后很难改变这种口味重的习惯，从而增加高血压的风险。

让习惯喝奶的幼儿开始像大人一样进食，是一件难度较大的事情。于是，有些家长为了让孩子爱上吃饭，就开始在幼儿饭食内增加糖、油，来增加食物的甜味或香味。这也是不对的，且不说多糖、过油的食物不利于幼儿消化，这也是儿童肥胖症、糖尿病等逐渐上升的主要原因之一。

幼儿膳食要多样化

膳食应该多样化，提倡幼儿吃新鲜的绿色食物，每天保证适宜的奶制品、豆类和适量的鱼、禽、蛋、瘦肉，以保证饮食中的热量、蛋白质、脂肪等营养素能满足幼儿各阶段生长发育的需要。

清淡饮食专家讲堂：清淡饮食≠不吃肉或只吃粗粮

有些家长是素食主义者，或者是清淡一族，常年吃素或以吃粗粮为主。为了给孩子养成素食或清淡饮食的习惯，不仅不让孩子吃肉或少吃肉，给幼儿的辅食也多是粗粮。但是，脂肪等营养素主要存在于动物性食物之中，对处于生长发育期的幼儿非常重要。

粗粮相对于精加工的粮食确实营养更丰富，含有较多的蛋白质、维生素B_1和矿物质等，幼儿少量进食粗粮有利于营养吸收更全面。然而粗粮口味差又粗糙，不能作为幼儿的主食，幼儿主食还是应该以精加工的粮食为主，即便吃粗粮也要粗粮细作，把粗粮磨成粉、压成泥、熬成粥或与其他食物混合加工，才能保证幼儿充分吸收食物中的营养。

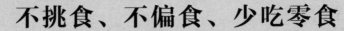

学龄前儿童：
不挑食、不偏食、少吃零食

学龄前的儿童在生长发育速度上虽然比婴幼儿期稍微放慢，但仍然属于发育较快阶段，新陈代谢旺盛，身体各个脏腑器官及组织均在持续发育并日趋成熟。在饮食方面，本阶段儿童要摄取足够的营养来满足其生长发育所需，又要控制不良的饮食习惯，避免营养不良或营养过剩。

🍲 学龄前儿童常见的饮食问题

问题一：挑食、偏食。学龄前儿童开始有了一定的认知能力和自我行动能力，他们开始利用这些基本能力来选择自己喜欢的食物，而推开那些无法引起自己味蕾快感的食物。这就是挑食、偏食现象的始端。

解决方案：孩子一开始出现挑食、偏食的现象，家长不要为了迎合孩子口味只做孩子爱吃的饭菜，要多做各式各样的膳食，否则容易引起孩子食物摄入单一，营养素单一。

问题二：零食摄取过多。零食的口味好，有些孩子只爱吃零食，很少吃饭。

解决方案：控制孩子吃零食的次数和数量，尤其是含糖零食和膨化食物，这些高热量的零食不仅会影响孩子的三餐正常摄取，还会增加孩子患龋齿的概率。

问题三：烹调方式不科学。有些家长认为学龄前孩子快上学了，和家长吃一样口味的饭菜即可。

解决方案：学龄前儿童的膳食仍然要少盐、少糖和减少鸡精、味精等调味品的使用，延续婴幼儿的清淡口感。建议口味重的家长也慢慢开始清淡饮食，这样不仅给孩子树立好的榜样作用，对您的健康也非常有益。

问题四：饮食和运动不成正比。吃得多、运动少，这不仅仅是学龄前儿童，还是我国大多数群体的惰性习惯。这样造成的直接原因就是孩子偏胖，要小心儿童肥胖症、儿童糖尿病等"富贵病"的隐患。

解决方案：和孩子一起运动起来。最健康又方便的办法就是晚上一家人去公园散步。

清淡饮食 您吃对了吗

🍲 学龄前儿童饮食的两大原则

原则一：三餐之间加两点。学龄前儿童是从幼儿逐渐迈向少年的过渡期，发育比较快。在正常的三餐之外最好再安排"两点"。每日上午10点和下午4点，给孩子准备1袋奶、1小碗水果或1～2片面包，以及时为孩子补充营养。

原则二：学龄前儿童的膳食要专门烹调。这是因为成人的膳食中调味品过多，不适合学龄前儿童使用。学龄前儿童的饮食最好单独烹调，以五谷为主，体积要小，肉类要加工成肉末，蔬菜要切碎，水果要切小块，便于儿童自主进食和容易咀嚼消化。到6岁左右，才逐渐过渡至成人膳食。

清淡饮食专家讲堂：如何纠正学龄前儿童的挑食和偏食

首先，家长要以身作则，做到平衡膳食。没有什么比家长的身体力行更有说服力。尤其是孩子不爱吃的食物，家长不仅要尽量做得美味些，还要带头品尝，搭配孩子爱吃的食物一起烹调，赞美食物，引导孩子去吃。

其次，控制孩子吃零食。孩子不爱吃饭、挑食的重要原因是不饿，不饿是因为他饭前吃了不少零食。所以，家长一定要控制孩子吃零食的次数和数量，尤其是在饭前30分钟内不要给孩子吃零食，特别是含糖饮料、糖果等高热量零食。

第三，要循序渐进。家长不能一味迁就孩子挑食、偏食的习惯，但也不能急于求成，立刻让孩子改掉习惯，那样反而会加深孩子对食物的厌恶情绪。试着改变不同的烹调方式，逐步添加等方式让孩子慢慢接受不爱吃的食物。孩子稍有改进就要及时赞扬和鼓励。

清淡饮食 您吃对了吗

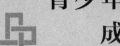

青少年期：
成长期养成营养、清淡的饮食习惯

青少年是一个人从身体、心灵上由少年向青年的过渡期，是需要长身体、长知识的关键期。因此，这个时期的饮食一定要健康、营养，以满足青少年期身体快速成长、修补组织所用，给机体供给热量、补充消耗、调节生理功能。

青少年膳食指导原则：营养均衡

营养均衡是青少年时期的膳食总原则，具体来讲，包括以下几点：

三餐定时定量，保证早餐治疗

身体和智力处于成长期的青少年对能量的消耗最多，因此饮食需要定时定量，必须保证一日三餐，对于运动消耗量大的青少年，根据需要加餐。青少年每天至少需要250毫升的奶类或乳品，每天都需要供应富含营养元素的蔬菜水果。比如可以多吃蘑菇、木耳、动物血、肝等食物。

多吃富含铁和维生素C的食物

青少年时期，尤其是处于青春期的女孩子，最容易出现的营养问题之一是缺铁性贫血，严重不仅影响青少年的生长发育和学习效果，因此宜多吃动物肝脏、菠菜、黑芝麻、豆类等含铁量高的动物性食物，补铁的同时，应增加富含维生素C的食物，有利于植物性铁的吸收和贫血恢复。如果缺铁比较严重，可在营养师或医生的指导下服用铁补充剂。

少吃快餐和低营养的食物

汉堡包、热狗、薯条等快餐都是高热量没有营养的食物，除了会增加青少年的体重或脂肪外，别无他用。因此，青少年一定要少吃这些食物，可以用核桃、坚果、黑米粥等食物代替。

不宜暴饮暴食或者节食

不要青少年正是长身体的好时机就暴饮暴食，这样的结果会让营养失去平衡，对身体造成影响。比如肥胖，青少年期肥胖会为日后肥胖症和高血压、糖尿病、肾病等都埋下隐患。

青少年的营养需要

◎蛋白质。蛋白质是生长发育的基础，身体细胞大量增殖，其构成均以蛋白质为原料。一般来讲，12~15岁的男孩子每人每日需要85克蛋白质，16~20岁的男孩子每人每日则需要100克的蛋白质。少女在青春期应多吃一些富含优质蛋白质的食品，比如牛奶、豆浆、鸡蛋、瘦肉等。

◎碳水化合物。碳水化合物是能量的来源，其主要物质就是谷类食物，所以青少年必须保证足够的饭量。

◎维生素和矿物质。青少年在保证主食的同时，还要多吃蔬菜、水果。蔬果中含有大量的维生素和矿物质，前者可以预防某些疾病，提高机体免疫力，后者则是人体生理活动必不可少的物质。

青少年饮食的口味选择：清淡适口

清淡饮食有益于身心健康，因此建议成长期的青少年要培养自己清淡的饮食口味。尤其是几个特殊期，青少年更应该注意清淡的饮食。

处于月经期的女孩子：女孩子在月经期间要忌吃生冷类和辛辣类食物，饮食要清淡。生冷类食物不仅包括雪糕、冷饮等，还包括梨、荸荠、香蕉等寒性食物。这些食物有清热解毒、滋阴降火的功效，平时吃对身体有益，但经期吃则容易造成痛经或月经不调。经期同样不适合，否则容易引起经血过多等症。

处于变声期的男孩子：男孩子一般会在14~16岁时进入变声期。为了保护嗓子，这个时期的男孩子饮食一定要清淡，忌食辛辣刺激性食物，进食时要细嚼慢咽，并适量喝水，从而减少细菌的滋生，有力地防止咽炎的发生。由于发音的器官主要有喉头、喉结和甲状软骨构成，这些器官是由胶原蛋白构成，声带有弹性蛋白构成，因此变声期男孩子还要摄取足够的胶原蛋白和弹性蛋白质。

清淡饮食专家讲堂：清淡饮食，拒绝青春痘

青少年时期正是男孩子和女孩子树立人生价值观的关键期，对自己的穿衣打扮、颜值比较关注，但青春痘让有些少男、少女很是自卑敏感。其实青春痘的发生主要是皮脂分泌过多、毛囊被堵造成的。引起这种现象的根本原因就是青春期激素分泌过剩引起的，而过食油腻、过咸或辛辣类食物则是其直接诱因或加重青春痘现象的"刽子手"。因此，为了避免青春痘，请青少年选择口味清淡的饮食方式。

清淡饮食 您吃对了吗

孕妈妈：
低盐、低糖、低脂，保证能量供应

孕妈妈是一个特殊的群体，"两个人共用一张嘴吃饭"。所以，孕妈妈要比别的人群需要更多的营养，以满足胎宝宝和个人的身体所需，孕育健康聪明的小天使。

孕妈妈膳食营养原则

为了满足胎宝宝和孕妈妈对能量、蛋白质、矿物质和维生素的需求，孕妈妈在膳食选择上，要把握好下面几条原则。

◎孕早期每天增加约200千卡的能量，蛋白质增加5克，每天摄取的碳水化合物不得少于150克，预防酮症的发生。

◎孕中期在孕早期的基础上增加200千卡的能量，蛋白质15克。15克蛋白质折合成食物，约是500克的牛奶或1.5个鸡蛋。

◎孕晚期在孕中期的基础上增加200千卡的能量，蛋白质20克。20克蛋白质折合成食物，约是650克的牛奶或2个鸡蛋。

◎增加钙、碘、锌、叶酸丰富的食物，如牛奶、海带、绿叶蔬菜、瘦肉、粗杂粮等。口味以清淡为主，但种类需全面均衡。

◎少食多餐，睡前加餐，以预防低血糖、酮症酸中毒或饥饿性酮症。

> 孕妈妈的膳食要富含各种必需营养素。建议孕妈妈每天进食主食350克左右，纯奶或酸奶500克，鸡蛋1~2个，肉或豆类150克左右，蔬菜500克，水果250克。另外，再加食一些核桃、芝麻、花生等坚果，是最理想的孕期膳食。

孕妈妈的营养需要

医学上一般将妊娠全过程分为三个阶段，这三个阶段的营养需要也各有不同。

第一阶段：孕早期（孕1~3个月）。食欲不振、孕吐、嗜睡、无力是孕妈妈本阶段最明显的妊娠反应，这可能会导致孕妈妈水电解质失衡，蛋白质缺乏，矿物质及微量元素明显减少等。孕妈妈体内产生的酮体对胎宝宝的早期发育有着重要影响。因此，孕早期最主要的营养需求就是大量补充高电解质、高热量、高维生素、易消化的均衡饮食。

第二阶段：孕中期（孕4～7个月）。怀孕进入4～7个月，可以说是孕妈妈的"蜜月期"，孕吐反应逐渐消失，肚子也不太大，孕妈妈已经基本适应了这种"带球"的甜蜜又"有些沉重"的身体状况。同时，胎宝宝的生长发育加快，对各种营养素的需要增加。因此，尽量均衡营养，谷类、蔬果、坚果、豆奶类、瘦肉类等都要适量吃些，给胎宝宝的健康发育提供最全面、最均衡的营养。

第三阶段：孕晚期（孕8～10个月）。这是怀孕的冲刺期，胎宝宝几乎一半的体重都是在这三个月增加的，必须注意各种营养素的补充。孕妈妈在每天保证自身代谢需要的同时，还需要补充大量的高热量、高蛋白营养及多种维生素、微量元素全面均衡的食物。

孕妈妈饮食的口味选择：清淡适口

孕妈妈在整个孕期的饮食原则，应该是清淡适口，也就是低糖、低盐和低脂，易于消化，且保证能量的供应。

从口感上来讲，清淡适口的膳食可以增加食欲，尤其是对孕早期妊娠反应较重的孕妈妈来讲，清淡饮食更可取。各种新鲜的水果、蔬菜、大豆制品、鱼、蛋、奶等，都属于清淡饮食，非常适合孕妈妈食用。

从健康角度来讲，清淡的口味最养脾胃。怀孕后孕妈妈的身体各个器官开始变得敏感，太咸、太甜或者过于辛辣的刺激性食物入口，很容易引发体内不适，甚至伤及脾胃。孕妈妈还要注意忌食花椒，不仅仅因为花椒属于气味比较浓的调味品，还因为花椒性太热，容易伤胎。

清淡饮食专家讲堂： 孕妈妈要适当控重，低脂饮食很重要

随着物质生活水平的提高，孕妈妈营养不良基本已经不再存在，但很多孕妈妈都超重了。妇产科医生建议女性在整个孕期体重合理增重15～30斤（7.5~15千克），但大多数孕妈妈都超过35斤（17.5千克），甚至比孕前增重了40～50斤（20~25千克）。孕妈妈要适当坚持"低脂饮食"。

体内脂肪堆积过多会造成组织弹性减弱，在分娩时容易宫缩无力而滞产，妊娠高血压、妊娠糖尿病等妊娠综合征的概率会增加。肥胖孕妈妈的胎儿体重也普遍增加，而胎宝宝的体重越重，难产发生率越高。

因此，孕妈妈应该适当坚持"低脂饮食"，饭菜少放油，尽量少吃脂肪多、热量高的食物。

清淡饮食 您吃对了吗

乳母：
低盐、低糖、无刺激、营养充足

健康的身体、良好的营养、愉快的精神和母亲愿意为婴儿提供母乳的意愿，是成功母乳喂养的第一步。如何提供高质高效的母乳？那就是营养所需。营养从食物中来，妇产科医生和营养师建议乳母的饮食应营养充足，低盐，无刺激。

乳母的营养状况对乳汁成分的影响

乳汁中的营养成分完全是由乳母提供，在乳母短期营养不良的情况下，母体会自动产生一种"优先泌乳"的条件反射，调动体内蛋白质、脂肪、钙等营养素储备，首先保证乳汁中的营养水平。但如果母体长期营养不良，母体的营养储备被过度调用，不但会导致乳汁中的营养素不足，还会继续恶化乳母自身的营养和健康情况，不利于继续泌乳。

所以，做一个合格的"奶牛"，乳母一定要保证自身营养的全面、均衡摄取，以满足婴儿和自己的身体所需。

乳母的膳食营养原则

多吃营养价值高的食物

为了给婴儿提供优质的母乳，乳母尤其需要多摄入富含蛋白质、钙、铁等营养价值高的食物，这些食物包括鸡蛋、牛奶、动物肝脏、牛肉、豆类及豆制品等。

增加餐次

新生儿每2个小时就需要喂奶1次，为了时刻给婴儿提供优质的"口粮"，乳母需要增加餐次，一般每天以5~6次为宜。乳母餐次增多，不单单为了保证充足的营养，还为了乳母的身体考虑。产妇产后胃肠功能减弱，蠕动减慢，一次进食太多会增加肠胃负担。增加餐次，适当减少每餐的进食量，有利于乳母产后胃肠功能的逐渐恢复。

荤素搭配，避免"偏食"

为了增加母乳的营养，一些地区给乳母准备的都是排骨汤、鱼汤、鸡蛋、牛奶等荤食。从营养学角度来看，不同的食物包含有不同的营养成分，乳母过于偏食某些高能量的荤食，会导致某些植物性营养素的缺乏。素食除了含有肉类食物缺乏的某些营养素外，一般含有丰富的纤维素，可以促进肠胃蠕动，有利于乳母肠胃功能的恢复。

乳母饮食的口味选择：低盐、无刺激

对于乳母的用餐，大家的普遍认知是：饮食清淡，不放盐或少放盐，不放任何调味品。这种认知有些道理，但不够全面。

从科学角度讲，月子里乳母的饮食应该清淡适宜，盐要少放，而不是不放；在调味品上，避免大料、花椒、辣椒、酒等刺激性调料，一些温和的调料，比如蚝油、酱油还是可以少放一些的，这样不仅可以促进乳母的食欲，对乳母身体的恢复也有益。

从中医学角度来讲，产后宜温不宜凉。因为温热可以促进血液循环，促进母体康复；寒凉则会致血液凝固，留下产后病。产妇产后有恶露未尽，产伤也有瘀血。忌食寒凉的海鲜及梨、柚子、西瓜、橘子、莲藕、苦瓜等蔬菜水果。但是有活血化瘀的温热性水果，比如樱桃、葡萄、苹果等还是可以吃的，可促进淤血排出和提供丰富的纤维素。

需要注意的是，有个别地区，为了"下奶"，给乳母的饭食都是无盐的，这是不对的。钠盐也是机体必需的微量元素之一。在产后的最初几天，或者产妇水肿明显时，在医生的建议下可以暂停食盐，平时饮食以低盐标准即可。

清淡饮食专家讲堂：乳母月子里饮食的宜与忌

✓ 宜食鸡蛋：鸡蛋是乳母饮食中的首选食物。鸡蛋黄中含有丰富的铁、卵磷脂和胆固醇，鸡蛋清中的蛋白质是所有天然食物中最好的蛋白质。对于产后失血、消耗大量体力且有泌乳需求的乳母来讲，鸡蛋是很好的补充营养的食物。建议乳母每日进食2~3个鸡蛋。

✓ 宜喝营养汤：高汤美味又有营养，可以更快地转换为乳汁。猪蹄汤、鲫鱼汤、排骨汤等都是乳母的上上之选。

✓ 宜吃红糖。红糖性温，有活血作用，且含铁量较白糖高，非常适合产后多虚多瘀的乳母食用。

✗ 忌食生冷食物。除了水果外，雪糕、冰棒等冷饮冷食，乳母都要忌食，否则会出现恶露不尽、产后腹痛等不适。

✗ 之前嗜辣的乳母，更要注意少食辣椒。

男性：
清淡饮食，风度翩翩

之前形容男性事业有成，习惯用天庭饱满，富态毕现。然后现在，几乎80%的男性在中年过后，就会出现大腹便便的状态，这可不仅仅是"富态"，而是"富贵文明病"的前兆。种种现象显示，肥胖男性的身体素质每况愈下，糖尿病、高血压、心脏病等也找上门来。所以，男人饮食要清淡，外观风度翩翩，内在健康长寿。

男性的清淡饮食，主要是减少动物性油脂（肥肉、油炸肉类、动物内脏等）的摄入量，日均摄肉量控制在2～3两（100~150克）为宜。吃猪肉时最好与豆类食物搭配，因为豆制品中含有大量卵磷脂，可以乳化血浆，使胆固醇与脂肪颗粒变小，防止硬化斑块形成。

对动物性脂肪的偏爱，是男性患肥胖症的主要原因。因为动物性脂肪会使肾脏超负荷运转，增加患心血管疾病、恶性肿瘤的风险。即便是"瘦肉"，其中肉眼看不见的隐性脂肪也占28%。此外，油腻的饮食会导致血液中的胆固醇和脂肪酸过多。过多的胆固醇和脂肪酸会附着沉积在血管壁上，造成动脉硬化，最终还会形成血栓。

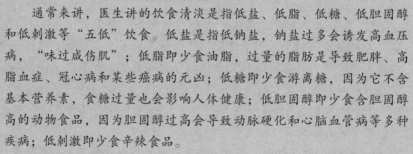

清淡饮食专家讲堂： 医生嘱托肥胖或微胖男性清淡饮食指哪些

通常来讲，医生讲的饮食清淡是指低盐、低脂、低糖、低胆固醇和低刺激等"五低"饮食。低盐是指低钠盐，钠盐过多会诱发高血压病，"味过咸伤肌"；低脂即少食油脂，过量的脂肪是导致肥胖、高脂血症、冠心病和某些癌病的元凶；低糖即少食游离糖，因为它不含基本营养素，食糖过量也会影响人体健康；低胆固醇即少食含胆固醇高的动物食品，因为胆固醇过高会导致动脉硬化和心脑血管病等多种疾病；低刺激即少食辛辣食品。

总之，饮食要"五低"，同时也要荤素结合、酸碱平衡，达到营养的最佳状态。如此清淡养生，才会有利健康。

女性：
饮食清淡，塑造体形

减肥是女人永远热衷的话题，减肥的方式也多种多样，层出不穷。但是减肥最根本的方法不是乱吃什么减肥药，不是疯狂运动，而是要从控制内分泌着手。生活中很多食材都有助于调理内分泌，促进脂肪代谢。食用得当，就不会发胖。

肥胖不是一蹴而就的，而是慢慢积攒起来的，平时不注意，等到发现自己胖的时候，已经不仅是一点点儿胖了。你是不是已经在赶往肥胖的路上了呢？下面的表征只要满足两条，你就危险了！平时如果多加注意以下情况，控制饮食，保持窈窕的身材还是很有可能的。

体重增加。

食欲大增，进食过多。

不爱运动，体力活动过少。

气喘吁吁。

肌肉疲乏。

关节疼痛，甚至水肿。

控制体重首先从嘴入口，饮食要清淡。说直接点，就是多吃五谷杂粮，补充鱼、肉、奶、蛋等优质蛋白质；多吃一些新鲜的蔬菜和水果，保证矿物质和维生素的需要；少吃最好不吃油腻、煎炸等脂肪含量高的食物，也不要吃含糖量较高的食物。此外，吃饭有节制，定时就餐，不可过饱。这里给大家推荐两款清淡的消肿减肥食疗方，微胖或正在肥胖路上的朋友都可以试试。

食疗方一：蚝油生菜。生菜500克，大蒜末少许，盐、蚝油、淀粉、白糖各适量。1.生菜拆成片，洗净；淀粉用水调开。2.水烧开，下生菜烫熟，捞出沥干后装盘。3.油锅烧热，下蒜末炒香，下蚝油、白糖、盐、少量水快速炒匀，最后用水淀粉勾芡，浇在生菜上即可。常吃此菜可以解毒、减肥。

食疗方二：冬瓜茶。冬瓜500克，蜂蜜200克。1.冬瓜冲洗干净，连皮连瓤一起切小丁。2.加入蜂蜜拌匀，腌半小时左右至出水。3.把腌好的冬瓜放到锅里，大火烧开，再转小火煮至冬瓜呈透明状。4.用筛网滤掉冬瓜残渣，饮汁，即可。常饮此茶可解暑消肿、美容减肥。

老年人：合理营养，清淡少盐

食物是人类赖以生存的物质基础，膳食营养的好坏直接影响人体的健康和寿命。人到了老年，牙齿松动、咀嚼困难、胃液分泌减少、肠胃消化功能衰退，头晕腿累和眼花，内脏各个器官开始逐渐老化。因此，老年人的饮食应该根据他们的身体特点，合理营养，才能延缓衰老，达到延年益寿的目的。

老年人一日三餐的科学安排

我国传统饮食把谷类作为主食，但现代人越来越重视肉类、蔬果等副食，谷类主食的地位反而越来越被弱化。谷类是人体能量的主要来源，肉类和油脂等高热量、高脂肪是心脑血管、高血压、糖尿病的温床。因此，对于各个脏腑器官逐渐衰退的老年人来讲，一定要注重主食的摄入量。我们来看一看老年人一日三餐的科学安排。

根据老年人的身体特点，老年人的一日三餐最好定时定量。一般来说，早餐提供的能量占全天总能量的25%～30%，午餐占30%～40%，晚餐30%～40%。早餐安排在7:00～8:30，午餐在11:30～13:00，晚餐在18:30～20:00为宜。早餐吃饱，午餐吃好，晚餐适量。老年人因其生理的特殊性，代谢减慢，一次进食量少，可以三正餐为主，酌情增加2~3次加餐，少食多餐。

早餐的食物应以软为主，且不宜多。老年人早上的胃肠功能还未完全恢复正常，食欲不佳，因此不要吃太多过于油腻、煎炸、干硬及刺激性的食物，否则容易导致消化不良，适宜吃容易消化的温热、柔软的食物，如牛奶、豆浆、面条、馄饨等，最好能吃点粥。总之，既要有一定的蛋白质，也要有一些淀粉类食物，还要吃点蔬菜和水果。

午餐是承上启下的一餐，主要补充上午的能量和营养素消耗，还要为下午的活动提供保障，所以午餐食物量可以分配多一点。

老年人晚餐不宜吃得太多，晚餐摄食过多，活动量较少，会影响睡眠，容易发胖。老年人晚餐可以稍早点吃，以便让食物有充分的时间进行消化，而且要清淡偏素些，吃得过于丰盛、油腻对健康不利，老年人晚餐的主食可以以稀食为主，喝一些粥类食物。

🍲 为什么老年人要提倡清淡少盐的膳食

食盐和食用油摄入过多是我国城乡居民共同存在的膳食问题，医生和营养专家建议大家，尤其是老年人要食用清淡少盐的饮食。清淡少盐是指不油腻、少盐、不刺激的饮食，清淡少盐的饮食在菜肴中油、盐、各种调味品的量要适中。

油多菜香其实是一个误区，人体摄入过多的油是对健康不利的，尤其是动物油中，几乎全都是脂肪，而过多摄入脂肪是肥胖、脂肪肝、高脂血症、动脉粥样硬化、冠心病、脑卒中等许多慢性疾病的危险因素。因此，老年人一定要减少食用油量。

吃盐过多也对身体有害，流行病学研究表明，食盐过多是高血压的危险因素，钠的摄入量与高血压发病率呈正相关，食盐量越多高血压发病率越高。临床数据显示，50岁以上的人和有家族性高血压的人，其血压对食盐摄入量的变化更为敏感，而高血压患者十有八九口味较重，喜欢吃偏香偏咸的食物。高盐饮食还可以改变血压昼高夜低的变化规律，变成昼高夜也高，这时发生心脑血管意外的风险就大大增加。老年人随着年龄增加，胃肠、肾脏、心脏等器官功能降低，摄入食盐过多，容易引起体内水钠潴留，加重心肾负担，所以老年人更应该少吃盐。老年人还应少吃刺激性饮食，尤其是有消化系统疾病的老年人。

> 建议老年人一天食用油的量为20~25克，一天的食盐摄入量低于5克（包括酱油和其他食物中的食盐量），老年人应该少用酱油、咸菜、腌菜、泡菜、味精等高钠的食品。

🍲 什么样的烹调方式更适合老年人

老年人多存在一些口腔疾患，如牙齿松动脱落、咀嚼及吞咽功能减退，还有老年人胃肠道分泌功能下降，引起胃酸缺乏或减少，胃肠蠕动能力减退，所以老年人的饮食应松软、易消化吸收，在烹调上宜采取蒸、煮、炖、焖等方式，既容易消化吸收，营养素损失也较少，是老年人较理想的烹调方式。老年人不宜吃粗糙、生硬的食物，不宜吃油炸、腌制和油腻的食物。

清淡饮食 您吃对了吗

适宜的烹调方式：煮对糖类和蛋白质起部分水解作用，对脂肪无显著影响，对消化吸收有帮助，水煮会使水溶性维生素，如维生素B_2、维生素C及矿物质如钙、磷等溶于水中。蒸对营养素的影响和煮相似，部分B族维生素、维生素C遭到破坏，但矿物质则不因蒸而遭到损失。炖可使水溶性维生素和矿物质溶于汤内，仅部分维生素受到破坏。焖引起营养素损失的大小和焖的时间长短有关，时间长，B族维生素和维生素C的损失大，时间短损失则少，食物经焖煮后消化率有所增加。炒的方式营养素损失较少，一般说"急火快炒"也是较好的烹调方法。

不适宜的烹调方式：炸，由于油的温度高，对一切营养素都有不同程度的损失，蛋白质可因高温炸焦而严重变性，营养价值降低，脂肪也因炸时裹上一层糊受热变成焦脆的外壳，不适合牙齿不好的老年人。煎，虽然用油量不大，可是油温高，维生素损失也比较大。烤，可使维生素A、B族维生素、维生素C受到相当大的损失，也可使脂肪受损失，直接用火烤，还含有3,4-苯并芘致癌物质。所以烧烤食品不宜多吃。

清淡饮食专家讲堂：老年人每天该吃多少食物？

　　老年人的进食量因人而异，差别较大。一般而言，营养专家建议老年人根据自己拳头的大小来粗略估算自己每天的进食量（注意是各类食物的生重量哟！），也就是"10个拳头原则"。

　　老年人每天的平衡膳食可以这样构成：

　　肉类（包括肉、禽、鱼、蛋等）：不超过1个拳头大小。

　　谷类（包括粗粮、杂豆、薯类等主食）：约2个拳头大小。

　　奶制品或豆制品：约2个拳头大小。

　　蔬果：不少于5个拳头大小。

　　坚果：1小把。

清淡饮食 您吃对了吗

第七章

药食同源：
疾病疗养，清淡饮食很关键

物质文明不断进步的今天，营养不良几乎已经不复存在，随之而来的高血压、糖尿病、高脂血症等"现代文明病"反而日益增多，甚至开始向低龄化蔓延。还有一些诸如感冒、发热、肥胖、便秘等小病症，都说明我们的免疫力在不断下降。我们应该重视并运用好前人创造的药食同源理论，用最纯净的食材，烹饪清淡可口的菜肴，才是最简单有效的防治之法。

感　冒

一年四季，谁也少不了几次感冒发热，但同样是小感冒，有的人不用吃药，一两天就好了；有的人一天三顿药，三五天不见得"痊愈"。为什么？除了与人的体质有关外，还和感冒发热后个人的饮食调理有很大关系。吃对了，小病自然好得快。

感冒是小病，不管是热伤风感冒还是风寒感冒，医生都会建议多喝水，清淡饮食。稀粥、蛋汤、蛋羹、蔬菜汤等易消化的汤粥都是感冒期间的清淡饮食。下面就为大家介绍几种感冒期间的清淡饮食。

红糖姜汤：姜可发汗，驱走体内寒气，促进血液循环，添加红糖则可补充热量。姜糖水最适合流白鼻涕、畏寒的风寒感冒患者，1～2次即见效，但热伤风患者不宜饮用。

紫菜汤：用紫菜煮汤不但能帮助退热，还可以缓解咽喉疼痛，如果你喜欢吃豆腐，也可以加点，豆腐中的石膏成分会让退热的效果更好。

粳米粥：粳米煮粥是感冒时最宜的发汗之品，中益脾胃，不伤正气。但建议大家不要煮得太稠，粥的上面那一层米油是精华，一定要吃掉。

白萝卜茶叶粥：白萝卜能够清热化痰，茶叶可以清肺热，有理气开胃、止咳化痰之功效。病毒性感冒患者可以饮用。

姜汁可乐：风寒感冒比如淋雨着凉导致的感冒可以用可乐和生姜煮水喝，而由于上火导致的风热感冒则不能喝姜茶，必须吃药和多喝水。

三白粥：葱白3根，蒜1头，大米100克。大米淘洗干净熬粥，粥快好了加入切碎的葱白和大蒜，粥熟后趁热喝，然后卧床盖上被子，以微微发汗为度。此粥可解表散寒，适用于伤风感冒有咳嗽、鼻塞、流涕等症状者。

清淡饮食专家讲堂：感冒多喝白开水

感冒了要多喝白开水，多喝白开水可以发汗，通过发汗把细菌病毒"发"出来，从而实现治疗的目的。注意发汗的标准是要汗透，就是手背和脚背摸上去都要感觉到潮湿微微有汗，这就算汗透了，汗出透了，也就是寒气出来干净了，热自然也就退下去了，感冒自然就好了。

咳 嗽

咳嗽是指喉部或气管的黏膜受刺激时迅速吸气，随即强烈地呼气，声带振动发声并带有爆破的杂音。咳嗽是人体清除呼吸道内的分泌物或异物的保护性呼吸反射动作，对肺本身有宣发作用，为其有利的一面，但长期剧烈咳嗽可导致呼吸道出血，对身体健康危害极大。

人为什么会咳嗽？除了是人体的一种保护性呼吸反射动作，还可能是某种疾病的征兆。上呼吸道感染、支气管炎、肺炎、急性喉炎都可能引起咳嗽。治疗咳嗽应区分咳嗽类型，西药、中药皆可，但以食疗为最佳。

鲜梨贝母盅：梨500克，贝母末6克，白糖少许。1.将梨洗净，去皮剖开，去核。2.把贝母末及白糖填入梨中，合起放在碗内。3.锅中加适量清水，把梨放在蒸锅中，大火蒸20分钟即可。雪梨可以清热化痰，雪梨和贝母一起食用，有助于润肺止咳。

油醋汁拌萝卜皮：白萝卜500克，生姜、盐、白糖适量，白醋1大匙。1.白萝卜洗净，用刀削厚皮，将白萝卜皮放入玻璃容器或陶瓷容器里，加盐腌渍1小时，腌好后用凉开水冲净盐分，挤干水分。2.生姜切丝。3.锅中放油，烧至六成热倒入少量热水后加姜丝烧开，待汤水凉后加白醋。4.将做好放凉的汤汁倒入萝卜皮中，装入密封瓶中，放入冰箱保鲜即可。白萝卜可以清热去火、化痰止咳，此菜适用于咳嗽患者。

红糖姜枣汤：红糖30克，鲜姜15克，红枣30克。以水3碗煎至过半，顿服，服后出微汗即愈。此汤能驱风散寒，可治伤风咳嗽、胃寒疼痛等。

冰糖燕窝粥：燕窝10克，大米100克，冰糖50克。1.将燕窝放温水中浸软，摘去绒毛污物，再放入开水碗中继续涨发。2.大米淘洗干净后放入锅内，加清水3大碗，旺火烧开，改用小火熬煮。3.将发好纯净的燕窝放入锅中与大米同熬约1小时，加入冰糖融化后即成。此粥滋阴润肺、止咳化痰，适用于肺虚久咳及咳喘伤阴。

急慢性胃炎

如果一个人在进餐过程中或进餐后出现上腹部疼痛（疼痛位置或固定或不固定，轻者间歇性隐痛或钝痛、严重者为剧烈绞痛）、食欲减退、餐后饱胀、反酸水、恶心、呕吐等，那多半是急慢性胃炎的一种了。

医学上认为急性胃炎的主要病因是细菌和毒素的感染、理化因素的刺激，肌体应激反应及全身疾病的影响等。简单来讲，就是大家在暴饮暴食或食用了某些污染食物或服对胃有刺激的药后数小时至24小时发病的"胃疼病"。

急性胃炎起病较急，症状也较为严重，腹部明显或持续性呕吐者应禁食，卧床休息，并由静脉补充水分和电解质。急性胃炎经正确治疗后可痊愈，少部分也会转变为慢性胃炎，病程较长，治疗也比较困难。无论哪种胃炎症状，最好及时请医生诊断清楚，然后根据胃病的性质，合理安排饮食，并在医生指导下适当服药治疗。

急慢性胃炎患者的清淡饮食原则

第一阶段（急性期）

1.腹痛明显或持续性呕吐者，应禁食，卧床休息，由静脉输液补充水分和电解质。

2.病情较轻者，可采用流食，持续时间为1～3天。

3.餐次：每日5～7餐，每餐量约为200～250毫升，每日流食总量约为1200～1800毫升，以避免增加胃的负荷和对胃黏膜的刺激。

第二阶段（急性期后）

在度过急性期后，可选择清淡少渣的半流食，并逐步过渡到软食和普通饮食。

急慢性胃炎患者的清淡食物选择

推荐食物	米汤、藕粉、果汁、清汤、蛋汤、稀粥
禁用食物	粗粮、杂豆、粗纤维食物。豆奶及相关产品（伴肠炎腹泻者，不宜采用），刺激性调味品如辣椒、芥末、咖喱等，发物如鱼、羊肉和牛肉等，浓茶、咖啡也应忌食

急慢性胃炎患者清淡饮食

调养一日食谱

早餐：冲藕粉。

材料：藕粉25克。

做法：

1.先加少量温水将藕粉化开，搅匀。

2.藕粉化开成糊后，加入滚烫的开水，一边加水一边搅拌，藕粉的颜色会随着开水的加入而迅速改变，最后变成淡褐色透明的胶状即可。

> **TIPS**：两道水的顺序不能颠倒，第一次是温水，第二次是滚烫的沸水。

加餐：果汁200毫升

午餐：牛奶蒸鸡蛋

材料：牛奶250克，鸡蛋70克。

做法：

1.先将鸡蛋打散。

2.加入牛奶搅拌均匀。

3.刮去表面的泡沫，并在容器上盖上保鲜膜。

4.大火蒸15分钟即可。

> **TIPS**：牛奶和鸡蛋的比例很重要，鸡蛋和牛奶的比例为1：3.5，蒸出来的口感会比较嫩。

加餐：蛋花汤200毫升。

晚餐：藿香粥

材料：藿香粉30克，大米100克。

做法：

1.将大米淘洗干净，放入锅中。

2.加入适量清水，大火煮沸，转小火煮至粥八分熟。

3.调入藿香粉，继续煮至米烂汤稠，停火闷5分钟即可。

> **TIPS**：温热食用。

功效：适用于风寒或寒湿犯胃、恶心呕吐的急慢性胃炎或肠胃炎。原理：藿香对大肠杆菌、痢疾杆菌、金黄色葡萄球菌等多种细菌有抑制作用。

加餐：米汤250毫升，外加2块无蔗糖饼干。

清淡饮食专家讲堂：急性胃炎患者要注意饮食卫生

要养成饭前便后洗手的好习惯，不要在流动摊贩、卫生条件不好的饭馆吃饭。尤其是夏季，生吃瓜果要洗净，不要吃变质食品。因为被污染变质的食品中含有大量的细菌和细菌毒素，对胃黏膜有直接破坏作用。

清淡饮食您吃对了吗

消化性溃疡

周期性上腹部疼痛，疼痛位置多出现在中上腹部，或脐上方，或在脐上方偏右处。这是消化道溃疡的主要特征。溃疡的形成有各种因素，其中酸性胃液对黏膜的消化作用是溃疡形成的基本因素，因此得名。

消化性溃疡主要指发生于胃和十二指肠的慢性溃疡，是一种多发病、常见病。近些年来的实验与临床研究表明，胃酸分泌过多、幽门螺杆菌感染和胃黏膜保护作用减弱等因素是引起消化性溃疡的主要因素。少吃多餐的饮食疗法是治疗消化道溃疡的重要方法。

消化性溃疡患者的清淡饮食原则

第一阶段（发作期）

1. 消化道出血时应禁食，血止后可采用流质饮食，少量多餐，每日5～7餐，每餐以200毫升为宜。

2. 严格限制对胃黏膜有刺激的食物，食物要清淡，且易于消化吸收。

3. 患者疼痛减轻时，可采用少渣半流饮食。饮食种类多一些，注意色香味的调配，以促进病人的食欲。

第二阶段（病情稳定后）

1. 病情稳定后，可采用少渣软食，并逐渐过渡到软食和普通饮食。

2. 食物必须易消化，能提供适宜的热量和丰富的蛋白质及维生素，以帮助修复受损伤的组织，并促进溃疡面的愈合。

3. 饮食要有规律，定时定量，少食多餐，不可暴饮暴食；吃饭时要细嚼慢咽，以利于消化。

4. 饮食宜清淡，烹调时可选用蒸、煮、烩、焖等方法，熏、炸、腌、拌的食物不易被消化，会增加胃肠负担，因此应注意避免。

5. 当溃疡患者出现并发症时，饮食应随病情而变更。具体饮食，可遵照医嘱。

消化性溃疡患者的清淡食物选择

推荐食物	浓米汤、豆浆、蛋羹、藕粉、果汁、馒头、软米饭、烂面条、粥、苏打饼干、无糖蛋糕、鱼肉、肉泥、新鲜蔬菜等
禁用食物	粗粮、杂豆、粗纤维食物。易促进胃酸分泌的食物如浓缩肉汁、茶、咖啡、酒等，刺激性调味品如辣椒、芥末、咖喱等，酸甜食物如含糖点心、糖醋食品等，过咸食物如腊肉、火腿、香肠、咸菜等，均应忌食

消化性溃疡患者清淡饮食调养一日食谱

早餐：稀饭50克，蒸蛋羹50克，面包50克。

蒸蛋羹

材料：鸡蛋1个，盐1克，香油2克。

做法：

1.鸡蛋磕入碗中，加入温水50毫升，加盐，充分搅散。

2.蒸锅内加水烧开，将蛋液盖上一个盘子，放入蒸锅内蒸10分钟，拿出后淋上香油即可。

TIPS：蒸蛋羹的时间也不能过久，蒸久了会出现蜂窝，口感变老。

加餐：豆浆250毫升，苏打饼干25克。

午餐：清蒸黄花鱼，炒嫩青菜。

清蒸黄花鱼

材料：净黄花鱼1条（约250克），葱丝、姜丝各5克，植物油、料酒、盐各少许，蒸鱼豉油适量。

做法：

1.黄花鱼洗净，鱼身打花刀，用葱丝、姜丝、料酒和盐腌渍20分钟。

2.蒸锅内加水烧开，将腌好的鱼放入锅内，大火蒸12分钟取出。

3.锅内加油，烧至八成热，将热油均匀地浇在鱼身上，淋上蒸鱼豉油即可。

加餐：果汁冲藕粉（果汁200毫升，藕粉25克），无糖蛋糕25克。

晚餐：馒头50克，氽小肉丸黄瓜片100克，素烧冬瓜100克。

氽小肉丸黄瓜片

材料：黄瓜100克，猪肉馅100克，葱末、姜末、姜片各5克，蛋清1个。

调料：酱油、淀粉、盐、花椒粉、香油各2克。

做法：

1.黄瓜洗净，切片；将葱末、姜末、酱油、花椒粉、盐、淀粉、蛋清一起放入肉馅中，顺着一个方向搅拌至黏稠有劲。

2.锅内加适量清水烧开，放入姜片，将打好的肉馅握在手中，用力从虎口挤出肉丸，丢进沸水中。

3.肉丸将熟时，放入黄瓜片，小火煮10分钟，淋上香油即可出锅。

加餐：冲奶粉250毫升。

清淡饮食 您吃对了吗

便　秘

便秘不是病，但却是多种疾病的一种症状。便秘广泛存在于成人、老人、孩子等各个年龄段，影响大家的生活质量。

便秘最直接的表现就是大便干燥、排便困难。部分便秘患者伴有腹痛、腹部不适或烦躁、焦虑等心理障碍。引起便秘的原因很多，也很复杂。偶尔便秘是肠道发出的警讯，长期便秘就是生命的"杀手"。因此，一旦发生便秘，最好及时就医，并合理调整饮食。下面给大家介绍几款简单有效的防治便秘的清淡调养方。

菠菜拌粉丝：菠菜500克，粉丝50克，红彩椒20克，虾皮5克，小葱1根，生姜、大蒜、盐、醋、生抽各少许。1.菠菜洗净入沸水中汆烫，捞出切小段，粉丝入沸水中烫熟，捞出切段，红彩椒洗净切丝，葱、姜、蒜均切末。2.将菠菜、粉丝、彩椒一同放入盘中，将葱、姜、蒜末撒在菜上。3.油锅烧热，下生抽、醋、虾皮、盐炒香，淋在菠菜上即可。此菜润肠通便，适合各类便秘。

玉米渣甘薯粥：玉米渣100克，甘薯块50克。玉米渣先用清水浸泡2~3小时，锅置火上，先大火烧开，再转小火，加入甘薯块。慢慢熬煮至粥稠。此方对老年人习惯性便秘有一定缓解作用。

紫薯燕麦粥：紫薯150克，大米100克，燕麦片60克。1.大米洗净，紫薯去皮擦丝，燕麦片洗净后用清水泡着。2.锅内加入适量清水，放入大米，大火煮开，转小火继续煮，煮到大米软烂，倒入燕麦片，搅拌匀后，盖上盖继续煮。3.锅内的粥再次煮开，倒入紫薯丝，焖5分钟即可。对于燥热性便秘有改善。

清淡饮食专家讲堂：便秘患者的饮食调理

1.多吃膳食纤维含量多的食物，如芹菜、韭菜、红薯等。

2.少吃辛香类及刺激性食品。

3.浓茶及苹果等含鞣酸较多有收敛作用，可致便秘，尽量不食。

4.多吃粗食杂粮和瓜果蔬菜，多喝水。

5.避免进食过少或食品过于精细、缺乏残渣、对结肠运动的刺激减少。

腹　泻

肚子疼、拉肚子，有的人一年总会遇到那么几次。拉肚子是俗称，医学上称为腹泻。腹泻一年四季均可发生，但以夏秋两季较为多见，多是由胃肠道和消化系统疾病引起的。

腹泻指每日排便次数多于平时，粪便稀薄，含水量增加，有时脂肪增多，带有不消化食物，或含有脓血。腹泻属中医"注下""后泄""飧泄""下利""泄泻"等病证范畴，是一种常见病症。患有腹泻应合理调节饮食，如果情况严重，应及时就医。

草莓苹果汁：草莓200克，苹果300克，冰糖适量。将草莓、苹果洗净，切块，然后放入果汁机搅打均匀，倒入杯中，放入冰糖，把冰糖搅化即可。苹果和草莓对改善腹泻有好处，一起食用可以美化肌肤、消除疲倦，还可以收敛，有助于腹泻患者的康复。

干姜良姜粥：干姜、高良姜各3克，粳米50克。先将干姜和高良姜用水煎煮取汁液，再用淘洗好的粳米一起煮粥。此粥可以暖胃散寒，辅助治疗寒邪引起的腹泻，尤其适合寒冷季节使用。注意：阴虚体质和实热体质的人不宜食用。

萝卜姜蜜茶：白萝卜100克，生姜30克，茶叶3克，蜂蜜适量。1.将萝卜、生姜洗净，捣烂。2.取萝卜汁一小杯和姜汁1汤匙，与蜂蜜及茶叶混在一起，用沸水冲泡。白萝卜可以清热、止痢，适用于腹泻下痢的调理。

清淡饮食专家讲堂：腹泻患者的饮食原则

急性腹泻患者：特征是忽然发生腹泻，排便频繁，呕吐严重。此时应暂时禁食，由静脉输液补充水分和电解质。呕吐停止后，可食用清淡止泻的流质饮食。随着排便次数的减少，饮食可逐渐采用少渣、低脂半流质饮食或软食。

慢性腹泻患者：特征是为4周内的复发性腹泻，腹泻常伴有排便急迫感、肛周不适、便失禁等症状。应食用易消化、质软少渣、无刺激性的食物，并应少量多餐，以减少肠胃负担。适当控制脂肪摄入量。如烹调时可采用蒸、煮、汆、焖等方法以减少用油量。

清淡饮食 您吃对了吗

痔 疮

大便时滴血或手纸上带血，有时可以感觉到肛门疼痛，有时没有痛感，便秘、饮酒或进食刺激性食物后加重，这就是痔疮。单纯性内痔无疼痛仅坠胀感，可出血，发展至脱垂，合并血栓形成、嵌顿、感染时才出现疼痛。

痔疮是一种成人常见病，素有"十男九痔""十女十痔"的说法。便秘、排尿障碍、妊娠、腹腔肿物、久蹲久坐、慢性咳嗽等因素都有可能引起痔疮。痔疮有内痔、外痔、混合痔。患有痔疮的人要多吃一些蔬菜水果，保证肠胃通畅，病情才会慢慢缓解。这里给大家推荐两个简单的食疗方。

白糖炖鱼肚：鱼肚30~50克，白砂糖50克。将鱼肚清洗干净，然后和白砂糖一起放到砂锅中，加入适量清水（水量以没过鱼肚稍高些为宜），直至炖熟即可。此方有补肾益精、止血消肿的功效，适用于各类型痔疮或便血患者。每日1次，连续服用1周，效果较显著。

蕹菜蜂蜜饮：蕹菜2000克，蜂蜜250克。将蕹菜洗净，切碎捣汁，放锅内先用大火烧开，然后用小火煎煮浓缩，至较稠时加入蜂蜜，再煎至稠黏时停火，待冷装瓶备用。每次以沸水冲化饮用1汤匙，每日2次，有清热解毒、利尿、止血功效，适用于外痔。

槐花粳米羹：槐花15克，粳米100克。先煎槐花，去渣留汁，然后加入粳米共煮成粥。每日早晨空腹服用，有祛风消肿功效，适用于痔疮下血，或内痔患者。

清淡饮食专家讲堂：痔疮患者的饮食原则

1.多吃富含纤维素的食物。便秘是诱发痔疮的病因之一，所以痔疮患者应多食青绿蔬菜、新鲜水果，如芹菜、菠菜、韭菜、黄花菜、茭白、苹果、瓜类及粗粮等含有丰富纤维素的食品，可以增加胃肠蠕动，润肠通便，排出肠道的有害物质和致癌物质。

2.多饮水，可以每天早上空腹喝凉白开水，或者喝蜂蜜水。

3.不要酗酒，少吃辛辣食物，减少刺激性食物的刺激。

贫 血

头昏、耳鸣、失眠、记忆减退等，这都可能是贫血缺氧导致的神经组织损害常见的症状。贫血，是指人体外周血红细胞容量减少，低于正常范围下限的一种常见的临床症状。我国血液病学家认为，成年男性的血红蛋白（Hb）浓度<120克/升，成年女性（非妊娠）Hb<110克/升，孕妇Hb<100克/升，则为贫血。

贫血是许多疾病或许多原因引起的一组症状，引起贫血的原因不同，表现出来的症状也不同，治疗方式也不同。轻度贫血对身体的影响不大，严重贫血就应该及时就医了，孕妇、幼儿尤其要注意预防贫血。

苹果珍珠鲜奶汁：苹果200克，鲜奶200毫升，葡萄干30克。1.苹果洗净，切块。2.把苹果放入榨汁机榨成汁。3.把苹果汁和葡萄干、牛奶搅拌在一起即可。本品富含铁元素，适合于贫血患者食用。

三黑核桃粥：黑米50克，黑豆30克，黑芝麻、核桃仁各15克。以上几种食物常法煮粥。常喝能补血、乌发、补脑、益智，适合贫血或因肾气不足出现须发早白、头晕目眩者经常食用。

猪血粥：猪血100克，菠菜250克，粳米50克。取猪血放入开水中稍煮片刻，捞出切成小块；再将新鲜菠菜洗净放入开水中烫3分钟，捞出切成小段；将猪血块、菠菜及粳米放入锅中，加适量清水煮粥，粥熟后放入适量食盐、味精、葱、姜调味即可。具有润肺养血、消烦去燥功效，适用于贫血及痔疮便血等症。

韭菜炒猪肝：猪肝100克，韭菜50克，洋葱80克，色拉油1大匙：洗净猪肝，切成5毫米薄片，先下锅煮至七成熟，然后与新鲜韭菜、洋葱同炒，并调好味。益血补肝、明目，适用于血虚萎黄、贫血、慢性肝炎等。

清淡饮食专家讲堂：贫血患者的饮食调理

1.多吃富含铁质的食物，如动物肝脏、血豆腐、瘦肉、蛋黄、鱼、虾、紫菜、海带、豆类等。

2.多吃蔬菜和水果，补充维生素C。

3.合理调整饮食结构，不要偏食。

清淡饮食 您吃对了吗

鼻 炎

鼻干、鼻塞、鼻涕多、鼻子发痒、打喷嚏、头痛、头晕脑胀等，遇到冷空气或感冒时，症状加剧。这都是鼻炎的常见症状，多见于学生、从事脑力劳动的上班族。鼻炎虽不是大病，但是如果不及时治疗将给身体带来很大的危害。

鼻炎是鼻腔黏膜由病毒、细菌的感染而引起的炎性改变，分为急性鼻炎、慢性鼻炎、萎缩性鼻炎和过敏性鼻炎。鼻炎虽不是大病，但如不及时治疗会发展成慢性鼻炎，会影响工作、学习和生活。比如学生或脑力劳动者一集中注意力就容易头痛，这是鼻炎对学习和工作引起的主要不适之一。避免感冒，适当进行饮食调理，对防治鼻炎非常有益。

黄芪粥：黄芪400克，白术230克，防风240克，桔梗120克，甘草60克，米20克(一天用)，除了米之外，将其他材料磨成粉，拌匀，放入干燥容器(有盖)保存。将400毫升水和米放入锅里，大火煮沸，再用小火煮20分钟。将10克磨粉放入锅里，小火煮沸，灭火盖上盖等5分钟即可。黄芪固表抗菌，白术健脾益气，防风祛风解表，桔梗宣肺排脓，甘草调和诸药，本方主治过敏性鼻炎。

辛夷煮鸡蛋：辛夷花15克，入砂锅内，加清水2碗，煎取1碗；鸡蛋2个，煮熟去壳，刺小孔数个，将砂锅复火上，倒入药汁煮沸，放入鸡蛋同煮片刻，饮汤吃蛋。辛夷散风寒、通鼻窍。本方主治慢性鼻窦炎、流脓涕，同时也适用于风寒头痛、鼻塞、鼻渊、鼻流浊涕。

清淡饮食专家讲堂：鼻炎患者的饮食调理

1.急性鼻炎：多饮热水或喝姜糖水，以加速代谢循环。食用易消化且清淡的食物，忌食油煎，生冷，酸涩之品,以防热助邪盛，邪热郁内而不外达。

2.慢性单纯性鼻炎：宜多吃蔬菜，少食肉类。多吃营养丰富的食物，以提高自身免疫力。

3.过敏鼻炎及萎缩性鼻炎：不宜吃辛辣、燥热之品，如辣椒、胡椒、鱼、虾、羊肉等，不宜饮酒、吸烟、吃巧克力、油炸花生米、炒瓜子等。

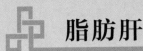

脂肪肝

脂肪肝是以肝细胞脂肪变性和脂肪蓄积为病理特征。轻度脂肪肝患者早期可能没有任何症状，或仅有疲乏感；重度脂肪肝或脂肪肝持续时间较长，就会影响身体健康，严重的还有可能转变成肝硬化。多数脂肪肝患者较胖。

脂肪肝因为症状不明显，平时很难自我察觉，多在体检时偶然发现一般而言，脂肪肝属可逆性疾病，早期诊断并及时进行饮食调整常可逐渐恢复正常。

芝麻消脂茶：芝麻糊20克，绿茶6克。1.将绿茶装入绵纸袋中封口挂线，将芝麻糊装入杯中。2.取绿茶放入装有芝麻糊的杯中，用沸水冲泡，加盖闷10分钟即可饮用。冲泡饮用，每日2次，可解毒化瘀、活血消脂。适宜于各种类型的脂肪肝。

芹菜炒香菇：芹菜400克，香菇50克，胡萝卜30克，蒜片、盐、醋、鸡精各适量。1.香菇去杂质后放水里洗净泥沙，每朵切成四小块；芹菜切段，胡萝卜切片，蒜切片备用。2.炒锅上火，倒入食用油烧热，下蒜片煸出香味，放入香菇、芹菜、胡萝卜翻炒一会至香菇绵软出汁。3.调入盐、鸡精、醋翻炒均匀即可。适用于脂肪肝的食疗保健。

绿豆菊花茶：绿豆60克，白菊花10克。1.将绿豆淘洗干净，备用；2.将白菊花放入纱布袋中，扎口，与淘洗干净的绿豆同入砂锅，加足量水；3.浸泡片刻后用大火煮沸，改用小火煨煮1小时，待绿豆酥烂，取出菊花纱布袋即成。代茶饮用，可清热解毒、清暑消脂，适宜于肝经湿热型脂肪肝。

清淡饮食专家讲堂：脂肪肝患者的饮食调理

1.多吃脱脂牛奶、瘦肉、鸡肉、鱼虾、豆类及豆制品等优质蛋白丰富的食物。

2.多吃含膳食纤维的食物，减少脂肪在肠道内的吸收。

3.少吃蔗糖、葡萄糖和含糖多的食物。

4.不要吃含油脂高的食物，少吃盐。

清淡饮食 您吃对了吗

糖尿病

糖尿病，是一种常见的内分泌代谢病，也是一种慢性多脏器受损的终身性疾病。糖尿病的病因尚不完全明了，一般认为与遗传、环境因素之间的相互作用有关。糖尿病时长期存在的高血糖，导致各种组织，特别是眼、肾、心脏、血管、神经的慢性损害、功能障碍。

多饮、多尿、多食和消瘦，即"三多一少"是1型糖尿病的最典型症状，而2型糖尿病发病前常有肥胖，若得不到及时诊断，体重会逐渐下降。作为中老年发病率最高的一种疾病，一些中老年朋友几乎谈"糖"色变。其实，糖尿病并不可怕，合理的清淡饮食可以很好地防治和控制血糖。

芦笋炒百合：芦笋200克，百合20克，枸杞10克，植物油、盐各适量。1.芦笋去掉根部的老皮，洗干净后斜切成长段，入开水锅中氽一下捞出过凉备用；百合洗净，掰成小瓣。2.油锅烧热，放入芦笋、百合、枸杞一起翻炒，放少许盐调味，炒至百合透明即可。芦笋是低糖、低脂肪、高纤维素和高维生素食物，此菜清淡、易消化，可以养血益气，糖尿病患者宜食。

枸杞子葱油苦瓜：苦瓜200克，枸杞10克，小葱1根，盐、花椒、香油各适量。1.苦瓜洗净，从中间剖开，去瓤切片；小葱切碎，备用。2.苦瓜片、枸杞放入开水中焯一下，捞出，沥水。3.沥干水分的苦瓜片盛入盘内，撒上葱花和盐。4.锅中倒香油，烧至四成熟，放入花椒爆香，捞出，烧至七成熟时，迅速提锅将油淋到葱花上，搅拌均匀即可。苦瓜具有清热祛暑、明目解毒、降压降糖等多种作用，此菜对于糖尿病患者调节血糖有很好的效果。

清淡饮食专家讲堂：糖尿病患者的饮食调理

1.禁止吃甜食，少吃含糖量高的水果。

2.多吃高纤维食物，以促进机体的糖代谢。

3.不可以饮酒，少吃刺激性食物。

4.少食多餐，多吃含钙高的食物，调节血糖浓度。

5.避免食用寒凉性的食物、饮料。

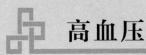

高血压

正常成人的血压收缩压＜120毫米汞柱，舒张压＜80毫米汞柱。当成人在未服用抗高血压药物情况下收缩压≥140毫米汞柱或舒张压≥90毫米汞柱，临床定义为高血压。血压介于上述两者之间为正常高值。

高血压起病缓慢，早期无明显症状。一般在45～50岁偶尔体检时发现血压升高，患者有时有头晕、乏力、耳鸣、失眠等症状，常见于老年人或中老年人。高血压会引起中风、心脏病、血管瘤、肾衰竭等疾病，可以说是一种器官功能性或器质性改变的全身性疾病。日常生活中的饮食调理有助于控制血压。

玉米须菊花决明饮：玉米须18克，炒决明子9克，菊花6克。以上三味用沸水闷泡5～10分钟，代茶饮，坚持服用，对稳定血压有益。

芹菜炒腐竹：芹菜200克，腐竹50克，红椒20克，盐、鸡精各少许。1.腐竹用冷水泡软，沥干水分；红椒切圈；芹菜摘去老叶，撕去老筋，清洗干净，沥干水分。2.热锅倒油，放芹菜爆炒至变色，加入腐竹爆炒。3.加入红椒圈，翻炒几下，放盐、鸡精，翻炒均匀即可。芹菜有助降血压，此菜清淡爽口、营养丰富，是高血压患者理想的食物。

绿豆海带粥：绿豆、海带各100克，大米适量。将海带切碎与绿豆、大米同煮成粥。可长期当晚餐食用。

清淡饮食专家讲堂：高血压患者的饮食调理

1.高血压患者要限制含钠高的食物，如味精、小苏打、甘草制剂等，并忌食腌制食品。

2.少吃动物脂肪、动物内脏和甜食，宜进食低热量、低脂肪和高维生素、高纤维素的食品。

3.为了保持血压相对稳定，高血压患者应尽量避免食用有刺激性的食品，如辛辣调味品。

清淡饮食 您吃对了吗

冠心病

50多岁的男士或女士忽然出现心悸、头晕、胸闷、面色苍白、头部冒冷汗等症状，尤其是心前区压榨性疼痛，很可能是冠心病发作，需要立即送医院就医，以免延误治疗。

冠心病是冠状动脉粥样硬化性心脏病的简称，是心脏病的一种，也是一种常见病。冠心病的发病病机是由于脂质代谢不正常，血液中的脂质沉着在原本光滑的动脉内膜上，在动脉内膜一些类似粥样的脂类物质堆积而成白色斑块，称为动脉粥样硬化病变。因此，冠心病患者在饮食中要降低油脂和脂肪的含量。

黑木耳炒鸡蛋：黑木耳100克，鸡蛋3颗，柿子椒1个，盐少许。1.黑木耳泡发，洗净，用手撕成大小适中的块；柿子椒去籽，洗净，切块。2.鸡蛋打入碗中，打散。3.油锅烧热，倒入鸡蛋液，快速翻炒，炒到两面金黄色时，出锅备用。4.锅中加油，将黑木耳下锅，中火翻炒，加入柿子椒一起翻炒，待柿子椒稍稍变色时，加入盐和炒好的鸡蛋，翻炒均匀即可。此菜有助降压、降脂，改善冠心病。

山楂桃仁茶：山楂20克，桃仁6克，红花6克，丹参10克，白糖30克。将山楂洗净去核，桃仁洗净去皮尖，红花洗净，丹参洗净切片。把以上四味中药放入炖杯中，加水300毫升，炖煮15分钟后，冷却，过滤，除去药渣，加入白糖拌匀即成。代茶饮用。可降血压、活血化瘀，适用于冠心病患者。

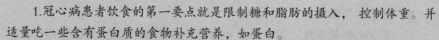

清淡饮食专家讲堂：冠心病患者的饮食调理

1.冠心病患者饮食的第一要点就是限制糖和脂肪的摄入，控制体重。并适量吃一些含有蛋白质的食物补充营养，如蛋白。

2.多吃蔬菜、水果、豆制品，特别是富含粗纤维的蔬菜，如韭菜、芹菜等。

3.少吃油腻和胆固醇含量高的食物，比如蛋黄、肥肉、鱼子等。

4.禁食辣椒、咖啡、烟、酒，可适量饮茶。

高脂血症

高脂血症患者多数没有明显症状，仅在体检时发现血脂水平升高，患者通常患有肥胖、周围神经炎或动脉粥样硬化性疾病，容易引发葡萄糖耐量异常、糖尿病、中风、高胰岛素症等。

高脂血症，其实就是我们通常所说的高血脂。血脂主要指血清中的胆固醇和甘油三酯，所以高血脂症就是指血胆固醇和/或甘油三酯升高。高脂血症是脂肪代谢异常的表现，饮食结构可直接影响血脂水平的高低。

山楂荷叶茶：干山楂30克，干荷叶12克。将二者一起放入锅中，加水500毫升，大火煮沸后，用小火煎煮20分钟，滤渣取汁即可饮用。此茶可抑制血液中的胆固醇和甘油三酯的增高，经常饮用，对降低血脂效果显著。

决明烧茄子：草决明30克，茄子500克，豆油250克，姜、葱、植物油各适量。将草决明捣碎，加水适量，煎30分钟，去药渣后浓缩煎汁至2茶匙，待用；再将茄片放入油锅内炸至两面煎黄，捞出；将锅中放入30克豆油，用姜片炝锅，将炸茄片入锅，葱、姜及用草决明汁调匀的淀粉倒入锅内翻炒一会儿，加少许明油，翻炒出锅即可。可作为佐餐每日食用2次。本方具有清肝降逆、润肠通便的功效，可辅助治疗高脂血症。

荞麦香菇粥：荞麦30克，大米、水发香菇各50克。香菇洗净，切丝；荞麦洗净，浸泡2小时，再与洗净的大米共同煮粥，大火煮沸后放入香菇丝，转小火熬煮至熟烂。此粥富含膳食纤维及香菇多糖，能减少胆固醇吸收，起到辅助降低胆固醇、降血脂、预防动脉硬化的作用。

清淡饮食专家讲堂：高脂血症患者的饮食调理

1.多吃低脂肪食物，使用少油的烹调方法。谷薯类及其制品、豆类及其制品、禽兽类瘦肉、低脂或脱脂奶都属于低脂食物。

2.多吃胆固醇低的食物，如谷薯类、蔬菜、豆类、水果等。动物内脏、人造黄油、鱼子、鱿鱼、蛋黄等是高胆固醇的食物。

3.选用高纤维食物，多吃蔬菜和水果。

清淡饮食 您吃对了吗

更年期综合征

更年期综合征（现称为绝经期综合征）一般是指45～55岁的女性由于内分泌功能紊乱，自主神经功能失调，会引起的一系列的症状，如烘热汗出、烦躁易怒、心悸失眠、忧郁健忘等。男性也有更年期综合征，只是没有女性患者广泛和具有代表性。

更年期综合征是一种正常的生理现象，此病给患者身心都造成很大的痛苦，其根本原因是由于生理性或病理性或手术而引起的卵巢功能衰竭。除了药物治疗、调整心态、多参加活动外，饮食营养的调理对改善更年期身体的不适症状，延缓衰老有很好的效果。

甘麦红枣汤：小麦50克，生甘草15克，红枣（去核）10枚。将三者分别洗净，红枣最好掰开，这样能充分煎出药效，然后一起放入锅中，加入适量清水，大火煮沸后，用小火煎煮20分钟，滤渣取汁即可。小麦、红枣都富含B族维生素，能够有效缓解抑郁、心中烦乱、情绪不稳定、睡眠不安等更年期症状。

虾仁豆腐：豆腐300克，虾仁80克，香菜30克，香油、芝麻酱各20克，盐、味精各适量。香菜择洗干净后切成末；虾仁隔水蒸熟后切碎；豆腐焯水，捞出后切成条片，与虾仁一起装盘，放入盐、味精、芝麻酱、香油，撒上香菜末，拌匀后即可。此菜中富含色氨酸、钙质、大豆异黄酮、多种维生素，以及一种超强的抗氧化剂——虾青素，对延缓衰老效果显著。

清淡饮食专家讲堂： 更年期综合征患者的饮食调理

1.饮食以清淡为主，食盐每天不超过5克；不吃或少吃蔗糖、甜食和含糖饮料；少吃肥甘厚腻、辛辣、油炸、热性的食物，否则会加重内热，不利于更年期的保健。

2.减少脂肪摄入量，防治肥胖。如不吃肥肉和荤油；烹调油不超过25克，选择用油少的烹调方式如蒸、煮、炖、焯；可适量多吃鱼虾贝类，以增强抗精神抑郁症、减轻胰岛素抵抗的作用。

3.增加B族维生素、豆类摄入量。以补充优质蛋白质和大豆异黄酮，缓解更年期症状。

清淡饮食 您吃对了吗

神经衰弱

神经衰弱是指大脑由于长期的情绪紧张和精神压力，从而使精神活动能力减弱，引起精神易兴奋和脑力易疲劳，睡眠障碍，记忆力减退，头痛等，对工作和学习造成极为不利的影响。

神经衰弱其实是心身疾病中的一种，除了必要的药物治疗外，还需要通过日常生活的自我调节，这样才能达到最佳的调养效果，因此神经衰弱的人在饮食上一定要合理调整。

莲子龙眼汤：莲子(去心)、茯苓、芡实各8克，圆肉20克，红糖适量。1.将莲子、茯苓、芡实、龙眼肉洗净，备用。2.锅内加适量清水，放入洗好的材料，小火炖煮30分钟。3.捞出药渣，至煮成黏稠状，再搅入红糖，冷却，即可。此汤可补心健脾、养血安神。

芹菜枣仁汤：芹菜100克，炒酸枣仁15克。1.芹菜洗净；酸枣仁洗净，捣碎。2.锅内加适量清水，放入芹菜和酸枣仁，煮开后小火再熬煮20分钟。捞出芹菜和酸枣仁渣，只饮汤。此汤有平肝清热、养心安神的功效，适用于虚烦不眠、神经衰弱的调养。

酸枣仁粥：炒酸枣仁50克，粳米75克。先将酸枣仁放入锅内，加水适量，煎20分钟后，去药留汁，再将粳米淘洗干净放入锅内，用大火煮20分钟后，转用小火煮至粥稠。有助于改善心肝血虚、心神不宁、失眠多梦、神经衰弱等。

清淡饮食专家讲堂：神经衰弱患者的饮食调理

1.适宜吃一些富含脂类、蛋白质的食物。

2.新鲜的水果、蔬菜中含有多种营养成分，经常食用对神经衰弱有一定的改善作用。

3.最好不要吃油腻、生冷食物，烟、酒、辣椒等辛辣刺激的食物。

4.神经衰弱可以食疗，但是忌服过于滋腻的补品。

5.神经衰弱可由失眠引起精神障碍，养成有规律的作息生活，症状会有所好转。

失 眠

入睡困难、易醒、醒后不易再次入睡，严重时会出现彻夜不眠，这种经常性睡眠不足就是失眠。造成失眠的因素非常多，如忧思过度、劳心伤脾、气血不足而不能养心，或者饮食内伤、心虚胆怯及纵欲伤肾等。

2012年，中华医学会制定的《中国成人失眠诊断与治疗指南》指出，失眠是指患者对睡眠时间和（或）质量不满足并影响日间社会功能的一种主观体验。患者除了保持有规律的作息习惯和乐观的心情外，还可以选择对失眠有帮助的饮食，这些饮食可以缓和紧绷的肌肉，平稳紧张的情绪，让人获得平静，可诱导睡眠激素——血清素和褪黑素的产生。

芹菜大枣汤：芹菜300克，红枣60克。1.芹菜洗净，切成片；红枣洗净、去核。2.将芹菜和红枣一起放入锅中，加适量清水，大火煮开后改小火煮10分钟，即可。红枣性味甘温，益气养血、宁心安神。睡前喝此汤，对于失眠患者有很好的改善作用。

莲藕百合煲排骨：排骨300克，莲藕2节，鲜百合1小把，食盐1茶匙。1.排骨入冷水锅中烧开去污物，洗净；百合掰片用清水浸泡1小时，洗净。2.将处理好的排骨放入电压力锅中，加入适量的水，根据程序选择炖排骨。3.排骨煲到50分钟左右给莲藕去皮切片，打开电压力锅锅盖，将莲藕和百合放入，炖至时间结束，打开锅盖，加点食盐即可。本品营养丰富，味道鲜味，食用后能改善睡眠品质。

清淡饮食专家讲堂：失眠患者的饮食调理

1.失眠患者平时的饮食应以清淡宜消化为主，少吃油腻、煎炸、熏烤食品和辛辣有刺激性的温燥食品。可以选择一些低脂、易消化、含蛋白质高的食物，比如鱼类、瘦肉等，可以使自己保持比较安定的情绪。

2.多吃一些具有养心安神、促进睡眠作用的食物，如核桃、百合、龙眼、莲子等。粗粮具有镇静安神作用，对失眠也有益。

3.晚餐不可过饱，睡前不宜进食，不宜大量饮水，避免入睡困难。

4.睡前避免饮用浓茶、咖啡等刺激性饮品。

耳 鸣

在没有任何外界刺激条件下，单侧或双侧耳朵产生异常声音的感觉，是为耳鸣。耳鸣听到的声音可以为各种各样，高低不等，有的是可持续性耳鸣，有的是间歇性耳鸣。

耳鸣虽不是大病，但是也不能忽视，它常常是耳聋的先兆，如果耳鸣变成了耳聋，那就是大病了。耳鸣可能是多种原因引起的，但是其结果都是影响人们的生活、工作和休息，不容小视。在临床上它既是许多疾病的伴发症状，也是一些严重疾病的首发症状（如听神经瘤）。适当的饮食调理，可以预防和缓解耳鸣症状。

耳朵保健与饮食的关系非常大。饮食清淡、营养均衡，使脑、耳的血液供应尽可能保持在正常水平，而听力的退化就可能得到延缓。

山茱萸菊花粥：山茱萸20克，菊花15克（纱布包），粳米50克。前二味加水煮沸30分钟，取出菊花纱布包，加入粳米，煮成粥。每日1次，可改善肾虚耳鸣。

香菇木耳汤：香菇15克，淡菜30克，放入锅内，加清水适量，大火煮沸后，小火煮半小时，再放入木耳10克煮沸10分钟，加调味品后佐膳食用。

清淡饮食专家讲堂：耳鸣患者的饮食调理

1.减少脂肪的摄入，尤其是忌吃高脂肪含量的肉皮、蛋黄、奶油、油炸食物等。因为脂类食物的大量摄入会导致血脂增高，血液黏稠度增大，出现血液循环障碍时，会导致听神经营养缺乏，从而产生耳鸣。

2.对于蛋糕、腊肉这类甜腻、咸寒的食物也最好不吃。

3.多吃含铁、锌丰富的食物，如牛奶、香瓜等。缺铁和锌是中老年人耳鸣、耳聋的主要原因。

4.多吃石榴、樱桃等有活血作用的食物，有利于改善血液黏稠度，保持耳部小血管的正常微循环。

癌症

癌症，泛指所有恶性肿瘤。恶性肿瘤的的临床表现因其所在的器官、部位以及发展程度不同而不同，但恶性肿瘤早期多无明显症状，即便有症状也常无特征性，等患者出现特征性症状时，肿瘤通常已经属于晚期。

癌症是人类健康的大敌，也是致人死亡的第一杀手。但我们不必谈癌色变，健康的生活方式和饮食营养可有效防癌。对于已经确诊的癌症患者来说，肿瘤及其各种治疗均可导致营养不良，而营养不良对患者的治疗和康复极为不利，因此，肿瘤患者必须重视饮食的营养与合理安排。

癌症患者的清淡饮食原则

自古药食皆同源，有些食物不仅可以满足我们机体营养所需，还可以抑制我们身体的致癌物质。通过饮食可以缓解癌症患者的症状。

1.保持食物多样性，多吃抗癌食物。癌症患者的饮食以富含淀粉和蛋白质的植物性食物为主，适量增加抗氧化食物的摄入，如新鲜蔬菜水果、适量的坚果、各种菌类等。西蓝花、木瓜、红枣、杏仁、人参、仙人掌等均具有抗癌功效。

2.饮食宜清淡，忌刺激性食物。癌症患者的饮食宜清淡少盐，限制总脂肪和油类，每日摄入植物油不超过25克，盐的摄入量每天不超过6克；烹调方法以蒸、煮、炖、汆为主，避免熏、烤、炸等高温制作。

3.癌症不同阶段有不同的饮食。

◎对于没有消化系统功能障碍的早、中期癌症患者，或接受临床治疗前、后的患者，均应采用普通膳食，需注意营养丰富，清香可口，易于消化，避免油腻及不易消化的食物，以补充充足的蛋白质、热量和多种维生素；宜少食多餐，在两餐之间吃些水果、点心等。

◎放化疗后消化功能较弱或胃肠道肿瘤术后痊愈的患者，应以含食物残渣较少，便于咀嚼，易于消化的软食为主，如馒头、面包、包子、鸡胸脯、里脊、鱼肉、虾肉、肝泥等；蔬菜应切碎煮烂，水果应去皮；忌食一切生冷、油腻、粗糙、坚硬、辛辣刺激、黏滞食物。

◎术后恢复期、消化功能严重障碍、口腔或咽喉肿瘤造成吞咽困难、伴有发热的患者，均应以半流食为主，含食物残渣极少，比软食更易于消化，如米粥、面条、面片、馄饨、藕粉、蛋羹等；宜少食多餐，每隔2～3小时进食一次，每天6～8次，以满足患者的营养素和热能需要；可食用少量瘦嫩的猪肉、牛肉，含粗纤维少的蔬菜，但要剁碎，拌在上述主食中喂食。

◎中、晚期食道已发生梗阻的食管癌患者、有吞咽困难的口腔或咽喉肿瘤患者，以及体质极度衰竭的晚期癌症患者，均应以流食为主，没有食物残渣，极易消化，如牛奶、米汤、豆浆、鸡蛋汤、蛋羹等可加糖喂饮，而新鲜的水果汁、菜汁等要注意去渣。

4.处理好饮食和化疗药物作用高峰时间的关系。平时的饮食多半定时定量，化疗期间的饮食最好避开药物作用的高峰时间。化疗时食欲常较差，又有恶心等反应，要求进餐次数比平时多一些，也就是人们常说的"少而精"。

癌症患者的清淡饮食选择

推荐食物	木耳、香菇、西蓝花、菠菜、番茄、胡萝卜、花生、百合、海带、杏仁、莲子、梨、荸荠、香蕉、牛奶、黄豆、卷心菜、冬瓜、西瓜、绿豆、薏米、牛奶等
禁用食物	忌食油腻、煎炸、腌渍变质的鱼、肉、酸菜及辛辣类食物。忌食枯黄有斑点的水果、蔬菜以及发霉、变质的花生、粮食、豆类。中医认为癌症病人应戒吃"发"物，如肥肉、公鸡、羊肉、蚕、肾、虾、蟹、螺、蚌等

癌症患者清淡饮食调养一日食谱

海带肉末粥

原料：水发海带、大米各30克，瘦肉末20克，盐、香油、姜末、味精各少许。

做法：海带洗净，切碎，与肉末、姜末拌匀；大米洗净后煮粥，将熟时加入肉末和海带，搅匀后继续煮5分钟，最后加盐、味精、香油调味即可。

功效：海带中的海藻多糖有较强的抗肿瘤作用，还含有丰富的优质有机碘；瘦肉、大米中都富含蛋白质、维生素和矿物质，是适宜癌症患者的理想食谱。

鲜榨橘子汁

原料：新鲜橘子5个。

做法：将橘子去皮，放入榨汁机中榨橙汁即可。

功效：橘子富含维生素C，能提高机体的免疫力，起到防癌抗癌作用。

清淡饮食 您吃对了吗

痛 风

痛风多见于中老年人，以男性居多，约占95%，女性患者大多出现在绝经期以后。急性痛风性关节炎常于深夜骤然发作，最常侵犯的部位是第一跖趾，而后疼痛进行性加剧，疼痛高峰可持续24～48小时。

如果说糖尿病是"富贵病"，那么痛风就是"吃喝病"。经常吃海鲜、喝酒的人，有时一夜醒来引发痛风。痛风是一种嘌呤代谢障碍产生过多的尿酸盐，在体内蓄积沉淀所致的代谢性疾病。也就是说，除了遗传、疾病外，营养过剩、过多饮酒等过度吃喝是痛风的重要诱因。因此，痛风患者要在饮食结构有所调整。

醋溜白菜：白菜200克，蒜末、盐、糖、生抽、醋、淀粉、植物油各适量。白菜洗净，用手撕成小块；盐、糖、生抽、醋、淀粉加少许水调匀。油锅烧热，放入蒜末爆香，放入白菜翻炒至软，倒入调料汁，翻炒均匀即可。白菜中所含蛋白质，接近人体所需要的蛋白质，而脂肪、嘌呤含量极低，矿物质和维生素含量丰富，是痛风患者的理想菜肴。

凉拌芹菜：芹菜200克，花生30克，盐、白醋、香油各适量。芹菜摘洗干净，切段，焯水后过凉；花生洗净，煮熟，与芹菜一起装盘，放入盐、白醋、香油，拌匀即可。芹菜、花生都是低嘌呤食物，且富含蛋白质、膳食纤维、维生素和矿物质，对痛风有辅助食疗作用。

清淡饮食专家讲堂：痛风患者的饮食调理

1.饮食宜清淡，适量摄入蛋白质，选择低嘌呤、低脂肪（每日脂肪摄入总量控制在50克左右）、低盐（每人每天不超过3克）饮食。烹调时以植物油为主，并采用蒸、煮、炖、氽等用油少的烹调方法，忌煎炸、油爆等用油多的方法。

2.忌食吃动物内脏、海鲜等高嘌呤食物。

3.戒烟、酒及一切刺激性食物，如咖啡、浓茶、酸奶、辣椒、芥末、胡椒、生姜等，这些食物都能诱使痛风急性发作。

第八章

特殊情况：

清淡饮食要这样吃

人体在一些特殊情况下，例如高温或低温环境、高原缺氧环境、特种作业环境等，除了受到外界环境的影响外，人体本身的生理状态、机体对外界环境的耐受能力有较大差别，对能量和营养素的需求也各不相同。总体而言，清淡而又营养的饮食是特殊环境下的首要饮食准则。

高温环境下的作业者

高温环境是指温度超过人体舒适程度的环境。一般取21℃±3℃为人体舒适的温度范围，因此24℃以上的温度即是高温。但是对人的工作效率有影响的温度，通常是在29℃以上。高温给人体带来高温烫伤和全身性高温反应，如头晕、头痛、胸闷、心悸、恶心、虚脱、昏迷等。高温环境主要见于热带、沙漠地带，以及一些高温作业、某些军事活动和空间活动场所。

高温环境下，人体会大量出汗，使人体对水、蛋白质、矿物质和维生素的需要量增加。但高温环境下，人体的消化功能会减退，并伴有食欲减退。为了更好地给机体补充能量和营养素，应该注意摄取清淡而又营养的饮食。应注意以下几点：

及时补充水分和盐分：补水是高温环境的首要选择，但因出汗较多，也需要及时补充盐水。建议高温环境下尤其是高温作业者，随身携带加点盐的白开水（0.1%含盐量）或茶水，也可以选择一些运动功能饮料。

注意营养素的摄取：适当增加蛋白质的摄入量，优质蛋白质占一半以上。瘦肉、蛋类、鱼、牛奶、黄豆及豆制品是优质蛋白质的常见来源。多吃含钾、钙、镁、铁等丰富的食物。含钾丰

> 高温作业者进餐前饮用适量冷饮可解除摄食抑制，但不宜过量饮用，而且冷饮的温度不要低于10℃。

富的食物可以预防中暑，蔬菜、豆类含钾较多。镁广泛存在于绿色蔬菜和粗粮中，奶制品和豆制品是钙的主要来源，铁主要存在于动物肝脏、动物血中。还要注意多食富含维生素B_1、维生素B_2、维生素C和维生素A的食物。

膳食安排：高温环境下人的食欲降低，要改善食欲，必须在就餐过程中解除高温刺激。最好的安排是就餐时离开高温环境，到凉爽的环境下就餐。食物一定要清淡，多采用蒸煮炖等方式，少油炸煎烹。多做鱼汤、鸡汤、菜汤等，及时补充水分和盐水。并注意多食蔬菜水果，不同品种、不同颜色搭配，从色彩上引起食欲。此外，在膳食中适量增加醋、葱、姜、蒜等调味品，也可以促进食欲而有益于消化。

清淡饮食 您吃对了吗

低温环境下的作业者

低温环境，主要是指环境温度在10℃以下的外界环境，和生产劳动过程中，其工作地点平均气温等于或低于5℃的低温作业。如冬季室外工作的野外劳动、训练、南极考察以及冷库、冰库等作业。

低温环境下，或者寒冷的冬季，心脑血管疾病的发病率有所增加，同时血压容易升高。所以在低温环境下，做好饮食保障工作，对防止冻伤和其他疾病的发生非常重要。低温环境下在饮食上应注意：

适当增加能量供应：低温环境下机体需要多消耗能量，因此在调配膳食时可适当增加粮食和食用油的供给以增加能量供应，推荐能量应比常温下增加10%～15%。

注意营养素的摄取：低温环境下蛋白质的代谢有所增加，容易出现负氮平衡，故在调配膳食时，应注意肉、蛋、鱼、豆及豆制品等含优质蛋白质食物的供应。并注意合理增加必需氨基酸的构成比例，必需氨基酸可提高机体耐寒能力。提供富含维生素C、胡萝卜素、钙、钾等矿物质的新鲜蔬菜和水果。同时增加动物肝脏、蛋类、瘦肉的供应量，以保证机体对维生素A、维生素B_1、维生素B_2等的需要。

寒区蛋白质供给应充裕，不论饮食蛋白质含量高低，突然接触低温时，蛋白质分解加速，极易出现负氮平衡。故寒冷地区蛋白质供给量应占总热量13%～15%，最高不超过20%。应保持合理的必需氨基酸构成比例，故蛋白总量中动物蛋白应占50%～65%。必需氨基酸可提高机体耐寒能力，蛋氨酸特别重要。

膳食安排：低温环境的膳食应符合本地的饮食习惯，尽量提供热食物。由于寒冷刺激，人体在低温条件下会出现多尿现象，以致血中钠、钙含量下降，因此人们的食盐摄入量应稍有增加，可使机体产热功能加强。

> 低温环境下的饮食禁忌：忌食寒凉类食物、油炸类食物以及维生素损失严重的食物。这些食物容易引起血管痉挛，诱发冻疮。

清淡饮食 您吃对了吗

经常接触电离辐射者

电离辐射是由能引起物质电离的带电粒子、不带电粒子或电磁辐射构成的辐射。专门从事生产、使用及研究电离辐射工作的，称为放射工作人员，比如医院放射科、CT室等医学影像工作者及相关工业领域工作者。

电离辐射可以直接和间接损伤生物大分子，损害DNA，从而影响健康和营养代谢。补充营养素对辐射损伤有一定的防治效果，因此经常接触电离辐射的人员应注意以下几个营养问题。

*及时摄取适宜的能量：*辐射会造成能量消耗增加，为防止能量不足造成辐射敏感性的增加，长期受到小剂量照射的放射性工作人员应摄取适宜的能量，以防能量不足造成辐射敏感性增加。

*注意营养素的摄取：*1.补充利用率高的优质蛋白，高蛋白膳食可以减轻放射损伤，改善照射后产生的负氮平衡和抗坏血酸、维生素B_2或烟酸代谢异常，促进恢复。2.保证适量的脂肪。有研究表明，缺乏必需脂肪酸的动物会增强对电离辐射的敏感性，因此，从事放射性工作的人员应增加必需脂肪酸和油酸的摄入量，低辐射损伤的敏感性。但脂肪占总能量的百分比不宜增高，避免辐射引起的血脂升高。3.增加碳水化合物的摄入。放射性工作人员可增加水果的摄入，提供对辐射防护效果较好的果糖和葡萄糖，约占总能量的60%~65%。4.补充矿物质和维生素。电离辐射会影响矿物质的代谢和电离损伤，研究发现补充维生素对放射损伤有一定的防治效果。

*膳食安排：*经常接触电离辐射者，膳食中的优质蛋白质以肉、蛋、牛奶、酸牛奶为佳，脂肪选用富含必需脂肪酸和油酸的油脂，如葵花子油、大豆油、玉米油、茶子油或橄榄油。碳水化合物应适当选用对辐射防护效果较好的富含果糖和葡萄糖的水果。还应选用富含维生素、矿物质和抗氧化剂的蔬菜，如卷心菜、胡萝卜、马铃薯、番茄和水果、香菇。酵母、蜂蜜、杏仁、银耳、茶叶等食物对辐射损伤有良好的防护作用。

脑力劳动者

脑力劳动者是指长期从事教育、文艺、科技、管理、卫生、财贸、法律等领域的人员，以及那些体力劳动强度不大而神经高度紧张的群体，如观测、检验、仪表操作等人员。这些职业表面看起来很轻松，可是大脑却长期处于紧张状态，工作时间不规律，又经常昼夜伏案工作，肌体活动少。时间久了，大脑过度疲劳就会使很多人出现神经衰弱、头昏头痛、记忆力下降、注意力不集中、失眠多梦、食欲不振、情绪低落、心烦意乱等症状，对工作和生活都产生了很大的影响。

因此，脑力劳动者除了要调整自己的工作状态、科学用脑、适当地增加运动之外，还要注意营养，坚持清淡、合理的膳食安排，才有助于身体健康。通常需要注意以下几点：

注意补充有益大脑的营养：多补充优质蛋白质，如瘦肉、蛋类、鱼、牛奶、黄豆及豆制品等。多摄入葡萄糖类的碳水化合物，如各种新鲜水果，为脑活动提供充足的能量。适当增加必需脂肪酸的摄入，如鱼类、瘦肉、核桃、芝麻等都是优质来源。增加磷脂、胆碱等营养素的摄

> 小米淘洗干净，与泡好的黄豆一起煮成粥喝，可使氨基酸互补，并提供充足的B族维生素和卵磷脂，非常适宜用脑过度和精神压力大的脑力劳动者食用。

入，可维持脑细胞功能，如龙眼、红枣、蛋黄等都是不错的选择。注意多摄入各种维生素，尤其是B族维生素的摄入，有利于缓解大脑压力，提高工作效率。

饮食禁忌：脑力劳动者体力消耗不大，对热量的需求量相对不高，不宜过多摄入淀粉类碳水化合物和脂肪，以免使机体活动耐力降低，影响工作效率。

膳食安排：食物一定要清淡，多采用蒸煮炖等方式，少油炸煎烤。坚持一日三餐，有规律的饮食，早餐应低脂低糖，辅以谷物和粗食；午餐应以蛋白质和胆碱含量高的食物为主，以碳水化合物为辅；晚餐则应以高碳水化合物、低蛋白的饮食为主，这样可提升脑中血清素浓度，有助于睡眠。

清淡饮食 您吃对了吗

经常熬夜者

　　随着物质生活水平和精神文明的不断进度，古人说的"日出而作，日落而息"似乎不太适合现代人的节奏，对于很多上班族或自由工作者来讲，因工作或各方面的原因，熬夜几乎成为家常便饭，一些外企工作者甚至不得不昼夜颠倒。这样的作息习惯会导致体内肾上腺皮质激素分泌紊乱，损害人体的健康。

　　熬夜对身体的损害会危及到皮肤、大脑、腰椎、颈椎、肌肉等多个部位与器官，长期熬夜会导致机体抵抗力下降、记忆力下降、视力下降。建议大家尽量减少熬夜概率，如果必须熬夜，可以通过膳食调整得到补救，尽量减少熬夜带来的损害。

　　*熬夜多补水，提神用绿茶：*熬夜最容易造成机体缺水，所以经常熬夜者一定要记得多喝白开水。如果为了提神醒脑的话，可以喝绿茶。绿茶提神又健脑，绿茶因为是未发酵茶，还能给机体补充维生素C。也有很多朋友喜欢喝咖啡，但是咖啡要注意量，不要喝得太多。

　　*注意营养素的摄取：*1.要增加蛋白质摄入量，补充人体必需的各种氨基酸。2.熬夜时大脑的需氧量和耗氧量都要明显增加，宜多吃含有较多卵磷脂、谷氨酸的品种，如鸡蛋、燕麦等。3.增加维生素A、维生素B_2的摄入量。前者可调节视网膜感光物质的合成，提高熬夜者对昏暗光线的适应力；后者则是视觉神经的营养来源之一，有防止视觉疲劳之功。

　　*膳食安排：*经常熬夜者的饮食要以清淡为主，富含维生素、蛋白质。不少"夜猫工作者"习惯上街去吃麻辣烫、烧烤等辛辣的夜宵，甚至喝酒等，但这样对身体的伤害是非常大的。因此，建议经常熬夜者平时的饮食以米粥、豆类、鱼肉、瘦肉、绿色蔬菜和水果为主，蛋白质和维生素含量都比较丰富，尽量少吃麻辣烫、烧烤、方便面等不健康的垃圾食品。

　　熬夜的时候脸上油腻特别多，特别是油性皮肤的朋友，一定要勤洗脸，注意脸部的清洁，给皮肤补水的同时，也能缓解一下熬夜的疲劳。

清淡饮食您吃对了吗

经常接触化学毒物者

　　虽然铅、苯、汞、农药等属于化学毒物，但由于工业"三废"的污染、农药的广泛应用、及从事相关作业者，人们与化学毒物的接触也日益增长。有毒化合物进入人体后会干扰、破坏机体正常的生理过程，或干扰、破坏营养物质在体内的代谢，或损害特定的组织或器官，危害人体健康。有些营养素能捕捉和清除自由基，具有解毒作用。不同的化学毒物接触者应该根据毒物性质进行相应的饮食调整。

　　经常接触铅的人员：铅进入人体主要是通过呼吸道，其次是消化道。实验表明：维生素C能够预防铅中毒，锌、铁、铜的增加会降低铅的吸收，高脂肪膳食会促进铅的吸收，饮酒促进铅中毒等。因此，铅接触者应多摄入富含硫氨基酸的优质蛋白、足量的维生素A、适量的维生素C和B族维生素，并限制脂肪摄入量和饮酒。

　　经常接触汞的人员：汞使肾脏受损出现蛋白尿，引起蛋白质的丧失，因此，膳食中应补充富含硫氨基酸的蛋白质。硒、锌、维生素A、维生素E等能够抑制、防御汞中毒。胡萝卜含有大量的果胶物质能与汞结合，加速汞离子的排出，从而降低体内汞的浓度。

　　经常接触镉的人员：富含甲硫氨酸蛋白质、钙、锌、铜、维生素C能降低镉的吸收和毒性，可适当多吃。膳食脂肪和维生素B_6会增强镉的吸收和毒性，应少吃。

　　经常接触苯的人员：膳食中应供给足量的含硫氨基酸的优质蛋白质、碳水化合物、维生素C、维生素B_1、维生素B_6、维生素B_{12}、维生素K和叶酸等可有效防治苯中毒。脂肪可增加苯在体内的积蓄，因此需减少脂肪的摄入。

　　经常接触农药的人员：常用的农药为有机磷、有机氯和氨基甲酸酯等。高质量蛋白质能够降低大部分农药的毒性，但是蛋白质过量时，农药毒性亦增加，因此要适量增加优质蛋白的摄入量。脂肪对有机氯农药毒性具有缓解作用，维生素C能够加强农药的分解和排出。

长期吸烟者

抽烟可以提神解闷，抽烟可以舒缓压力，抽烟可以缓解情绪，抽烟可以提高男性的魅力指数……所以，明明知道烟对肺部伤害大，严重者可致肺癌，但很多人都停不了吸烟。为了减少尼古丁的伤害，抽烟男士也应该进行一定的饮食调整。

随时补充水分或茶水：长期抽烟者必须养成随时喝水的习惯，不要等口渴时才喝，需要保证每天至少1升水的摄入量，也就是2瓶500毫升矿泉水的含量。喝水有助于毒素的迅速排出，刺激肾脏工作。吸烟者宜经常喝茶，茶能利尿、解毒，还可使烟中的一些有毒物随尿液排出，减少其在体内的停留时间。

注意营养素的摄取：1.补充维生素。烟气中的某些化合物可以使维生素的活性大为降低，因此吸烟者宜经常多吃牛奶、胡萝卜、花生、玉米面、豆芽、白菜等富含维生素的食物。2.多吃富含硒元素的食物。3.吸烟者可以适当补充含铁丰富的食物，如动物肝脏、肉、海带、豆类。4.多食坚果类，特别是杏、扁桃、榛果和榛

> 抽烟的人要多吃蔬果、大豆等碱性食物，当人的体液呈碱性时，可减少吸烟者对尼古丁的吸收。同时，这些碱性食物还可刺激胃液分泌，增加肠胃蠕动，避免在吸烟者中较为常见的消化不良、腹胀及高脂血症的发生。

子、核桃、葵花子以及粗粮。5.多食富含胡萝卜素的食物。富含β-胡萝卜素的碱性食物能有效地抑制吸烟者的烟瘾，对减少吸烟量和戒烟都有一定的作用。

膳食安排：长期抽烟者饮食要清淡，少吃肥肉等油腻食物。因为吸烟可使血管中的胆固醇及脂肪沉积量加大，大脑供血量减少，易致脑萎缩，加速大脑老化等。因此，吸烟者在饮食上宜少吃含饱和脂肪酸的肥肉等，而应增加一些能够降低或抑制胆固醇合成的食物，如牛奶、鱼类、豆制品及一些高纤维性食物等。

手机控、电脑控

智能科技时代，人与人之间面对面的交流越来越少，手机、电脑代替了它们。放眼身边，几乎家家都有电脑，人人都有手机，人们大多数时间都在低头玩手机，连聚餐聚会的时候也不例外。一些精力旺盛的年轻人，更把熬夜玩电游当成家常便饭。

手机控、电脑控危害的不仅仅是视力，最近研究还表明：常玩手机电脑易导致内分泌失调。而内分泌失调会引发身体多种不适，尤其是对女性朋友们的健康有着不可估量的危害。建议手机控、电脑控尽量减少玩手机和电脑的时间，并在饮食上进行调理。

多喝绿茶防辐射，养肝护眼是关键：手机和电脑都有微量辐射，因为手机控、电脑控很容易出现皮肤缺水、面部长斑、容易掉发等症状，建议手机控和电脑控养成常喝绿茶的习惯，不仅可以防辐射，还可减轻紧张，提振精神。此外，绿茶中还可以搭配枸杞或菊花，有清肝明目、缓解眼肌疲劳等作用。

注意营养素的摄取：1.富含胡萝卜素的食物。胡萝卜素在人体中可以转换为维生素A，因此又被称为维生素A原，它参与视网膜内视紫红质的合成，是护眼的第一功臣。2.绿色食物，如绿叶菜、黄瓜、青椒以及西蓝花等。绿色食物能够健肝、健脾，还能健肾。3.黄色食物，如玉米、黄豆、香蕉以及南瓜等。这些食物能够增强身体的代谢功能，从而维持女性激素的分泌能力。4.大蒜。杀菌抗癌，增强人体的免疫能力、预防感冒以及帮助调节血糖水平等是大蒜的常见功能。

膳食安排：手机控、电脑控除了多吃胡萝卜、橘子、草莓等具有防辐射及护眼的食材外，还应早餐吃好，营养充分，保证足够的热量。中餐应多吃含蛋白质高的食物。晚餐应吃得清淡些，多吃点含维生素高的食物，如各种新鲜蔬菜，饭后可吃点新鲜水果。同时也应注意选用含磷脂高的食物，如蛋黄、鱼、虾、核桃、花生等均有健脑作用。

清淡饮食 您吃对了吗

参考文献

[1]于康.家庭营养全书[M].北京：科学技术文献出版社，2012.

[2]马冠生.健康大百科·膳食营养篇[M].北京：人民卫生出版社，2014.

[3]苏冠群.家庭医学百科[M].北京：中国纺织出版社，2009.

[4]常慧.五谷杂粮养全家[M].北京：中国纺织出版社，2014.